21世纪高等学校规划教材｜计算机应用

U0286939

网站建设与 网页设计制作

蔡永华 主　编
隋丽娜 孟伟 郑文礼 副主编

清华大学出版社
北　京

内 容 简 介

本书共 10 章,内容包括网站系统概述、网站规划设计、网站平台建设、网页设计基础、网页基本操作、网页布局、网页超链接、网页的高级应用、动态网站开发和网站测试及发布维护。

本书适合作为大专院校本、专科学生学习网站建设和网页设计的教材,也可供企事业单位和网站建设及网页设计人员学习参考,还适合作为各种成人网页设计培训的教材或自学用书。

本书配有电子教案,使用者可以从清华大学出版社网站(http://www.tup.tsinghua.edu.cn/)下载。

本书封面贴有清华大学出版社防伪标签,无标签者不得销售。

版权所有,侵权必究。侵权举报电话:010-62782989　13701121933

图书在版编目(CIP)数据

网站建设与网页设计制作/蔡永华主编.--北京:清华大学出版社,2014(2019.12重印)
21 世纪高等学校规划教材·计算机应用
ISBN 978-7-302-37295-0

Ⅰ.①网…　Ⅱ.①蔡…　Ⅲ.①网站—建设　Ⅳ.①TP393.092

中国版本图书馆 CIP 数据核字(2014)第 160015 号

责任编辑:魏江江　赵晓宁
封面设计:傅瑞学
责任校对:李建庄
责任印制:沈　露

出版发行:清华大学出版社
　　　　网　　　址:http://www.tup.com.cn,http://www.wqbook.com
　　　　地　　　址:北京清华大学学研大厦 A 座　　　　　　　邮　　编:100084
　　　　社 总 机:010-62770175　　　　　　　　　　　　　　邮　　购:010-62786544
　　　　投稿与读者服务:010-62776969,c-service@tup.tsinghua.edu.cn
　　　　质量反馈:010-62772015,zhiliang@tup.tsinghua.edu.cn
　　　　课件下载:http://www.tup.com.cn,010-62795954
印 装 者:北京九州迅驰传媒文化有限公司
经　　销:全国新华书店
开　　本:185mm×260mm　　印　张:16.25　　　　　字　　数:407 千字
版　　次:2014 年 9 月第 1 版　　　　　　　　　　　印　　次:2019 年 12 月第 7 次印刷
印　　数:3901~4400
定　　价:34.50 元

产品编号:055369-01

出 版 说 明

随着我国改革开放的进一步深化,高等教育也得到了快速发展,各地高校紧密结合地方经济建设发展需要,科学运用市场调节机制,加大了使用信息科学等现代科学技术提升、改造传统学科专业的投入力度,通过教育改革合理调整和配置了教育资源,优化了传统学科专业,积极为地方经济建设输送人才,为我国经济社会的快速、健康和可持续发展以及高等教育自身的改革发展做出了巨大贡献。但是,高等教育质量还需要进一步提高以适应经济社会发展的需要,不少高校的专业设置和结构不尽合理,教师队伍整体素质亟待提高,人才培养模式、教学内容和方法需要进一步转变,学生的实践能力和创新精神亟待加强。

教育部一直十分重视高等教育质量工作。2007 年 1 月,教育部下发了《关于实施高等学校本科教学质量与教学改革工程的意见》,计划实施"高等学校本科教学质量与教学改革工程(简称'质量工程')",通过专业结构调整、课程教材建设、实践教学改革、教学团队建设等多项内容,进一步深化高等学校教学改革,提高人才培养的能力和水平,更好地满足经济社会发展对高素质人才的需要。在贯彻和落实教育部"质量工程"的过程中,各地高校发挥师资力量强、办学经验丰富、教学资源充裕等优势,对其特色专业及特色课程(群)加以规划、整理和总结,更新教学内容、改革课程体系,建设了一大批内容新、体系新、方法新、手段新的特色课程。在此基础上,经教育部相关教学指导委员会专家的指导和建议,清华大学出版社在多个领域精选各高校的特色课程,分别规划出版系列教材,以配合"质量工程"的实施,满足各高校教学质量和教学改革的需要。

为了深入贯彻落实教育部《关于加强高等学校本科教学工作,提高教学质量的若干意见》精神,紧密配合教育部已经启动的"高等学校教学质量与教学改革工程精品课程建设工作",在有关专家、教授的倡议和有关部门的大力支持下,我们组织并成立了"清华大学出版社教材编审委员会"(以下简称"编委会"),旨在配合教育部制定精品课程教材的出版规划,讨论并实施精品课程教材的编写与出版工作。"编委会"成员皆来自全国各类高等学校教学与科研第一线的骨干教师,其中许多教师为各校相关院、系主管教学的院长或系主任。

按照教育部的要求,"编委会"一致认为,精品课程的建设工作从开始就要坚持高标准、严要求,处于一个比较高的起点上;精品课程教材应该能够反映各高校教学改革与课程建设的需要,要有特色风格、有创新性(新体系、新内容、新手段、新思路,教材的内容体系有较高的科学创新、技术创新和理念创新的含量)、先进性(对原有的学科体系有实质性的改革和发展,顺应并符合 21 世纪教学发展的规律,代表并引领课程发展的趋势和方向)、示范性(教材所体现的课程体系具有较广泛的辐射性和示范性)和一定的前瞻性。教材由个人申报或各校推荐(通过所在高校的"编委会"成员推荐),经"编委会"认真评审,最后由清华大学出版社审定出版。

目前,针对计算机类和电子信息类相关专业成立了两个"编委会",即"清华大学出版社计算机教材编审委员会"和"清华大学出版社电子信息教材编审委员会"。推出的特色精品教材包括:

(1) 21 世纪高等学校规划教材·计算机应用——高等学校各类专业,特别是非计算机专业的计算机应用类教材。

(2) 21 世纪高等学校规划教材·计算机科学与技术——高等学校计算机相关专业的教材。

(3) 21 世纪高等学校规划教材·电子信息——高等学校电子信息相关专业的教材。

(4) 21 世纪高等学校规划教材·软件工程——高等学校软件工程相关专业的教材。

(5) 21 世纪高等学校规划教材·信息管理与信息系统。

(6) 21 世纪高等学校规划教材·财经管理与应用。

(7) 21 世纪高等学校规划教材·电子商务。

(8) 21 世纪高等学校规划教材·物联网。

清华大学出版社经过三十多年的努力,在教材尤其是计算机和电子信息类专业教材出版方面树立了权威品牌,为我国的高等教育事业做出了重要贡献。清华版教材形成了技术准确、内容严谨的独特风格,这种风格将延续并反映在特色精品教材的建设中。

清华大学出版社教材编审委员会
联系人:魏江江
E-mail:weijj@tup. tsinghua. edu. cn

前　言

随着 Internet 技术的不断发展,计算机技术和网络技术的广泛应用,网站建设和网页设计逐渐从专业化向普及化发展,各种个人网站、商业网站等如雨后春笋般不断涌现。学习网页设计与网站建设技术已经成为一种基本的工作技能。很多企事业单位在招贤纳士时,都特别注重员工的网页制作能力。一个设计精良的网站,不仅能够带来视觉上的体验,还能够发掘潜在的网络客户,因而网站建设越来越受重视。网站建设涉及的技术繁多,而且各种技术日新月异,常常让初学者感到茫然,而很多网站建设人员仅关注于某一个知识点,没有全面从网站应用的角度来了解网站建设必需的各种技术,导致很多网站建设人员缺乏全局意识,没有综合的网站建设能力。

本书的写作大纲、统稿和审稿工作由蔡永华完成。本书第 1 章~第 3 章、第 8 章由蔡永华编写,第 4 章由郑文礼编写,第 5 章~第 7 章由隋丽娜编写,第 9 章和第 10 章由孟伟编写。参加本书编写工作的人员还有王曼、于万国、李铁松、陈日升、尚宇辉、朱会卿、王亚忠、赵彦明、迟剑、房健、刘燕飞、曹雪峰等。在编写过程中,得到许多高校专家、学者的关心和支持,在此向他们表示由衷的感谢。

本书配有电子教案及素材和源程序,使用者可以从清华大学出版社网站(http://www.tup.tsinghua.edu.cn/)下载。

由于作者水平有限,书中难免会有不足或疏漏之处,恳请各位读者不吝指正。

编　者

2014 年 6 月

目　录

第 1 章

网站系统概述

在当今这个信息时代,网络已经延伸至世界的每一个角落,渗透到社会的各个层面,给社会和人们的生活带来了巨大的变化,它正在改变着人们的生活和工作方式,改变着人们的思想意识和思维方法。借助于网络便捷的信息交流功能,人们能够提高工作效率,扩大交流范围,改善生活质量。利用网络可以收发电子邮件,浏览网上丰富的信息,下载程序和文件,与世界各地的人们交流意见和想法,获取想得到的任何帮助和建议,以及网络购物等。

计算机网络是将地理位置不同的、功能独立的多台计算机通过通信线路和通信设备连接起来,按照网络协议进行数据通信,由功能完善的网络软件实现资源共享的系统。网站作为网络信息存储、交换和服务的基本平台,是 Internet 上各种信息资源的集散地,同时也是各种商务、政务、教育、娱乐和交流等活动的技术支持中心。网站是指在网际网络上,根据一定规则由专业的网页设计软件或语言设计制作的、用于展示特定内容的,可以发布到Internet 上的相关网页的集合。网站采用 TCP/IP 协议和客户端/服务器(C/S)及浏览器/服务器(B/S)结构,通过域名解析将上网用户机、WWW 服务器、应用程序和后台数据库等有机联系在一起,实现计算机网络的功能。

1.1 Internet 概述

Internet 又称为因特网或互联网,是一个全球性的巨大计算机网络体系。它把全球数万个计算机网络、若干台主机连接起来,包含了难以计数的信息资源,向全世界提供信息服务。这些信息资源分别存放在分布于整个网络的不同地点上的"网站"服务器中。

1.1.1 Internet 的发展

Internet 是在美国较早的军用计算机网 ARPAnet(Advanced Research Projects Agency Network)的基础上经过不断发展变化而形成的。Internet 的发展主要可分为以下几个阶段:

1. Internet 的雏形形成阶段

1969 年,美国国防部研究计划管理局(Advanced Research Projects Agency,ARPA)开始建立一个命名为 ARPAnet 的网络,当时建立这个网络的目的只是为了将美国的几个军事及研究用计算机主机连接起来,人们普遍认为这就是 Internet 的雏形。发展 Internet 时沿用了 ARPAnet 的技术和协议,而且在 Internet 正式形成之前,已经建立了以 ARPAnet 为主的国际网,这种网络之间的连接模式也是随后 Internet 所用的模式。

2. Internet 的发展阶段

美国国家科学基金会(NSF)在 1985 年开始建立 NSFnet。NSF 规划建立了 15 个超级计算中心及国家教育科研网,用于支持科研和教育的全国性规模的计算机网络 NSFnet,并以此为基础,实现同其他网络的连接。NSFnet 成为 Internet 上主要用于科研和教育的主干部分,代替了 ARPAnet 的骨干地位。1989 年 MILnet(由 ARPAnet 分离出来)实现和 NSFnet 连接后,开始采用 Internet 这个名称。自此以后,其他部门的计算机网络相继并入 Internet,ARPAnet 即宣告解散。

3. Internet 的商业化阶段

20 世纪 90 年代初,商业机构开始进入 Internet,使 Internet 开始了商业化的新进程,也成为 Internet 大发展的强大推动力。1995 年,NSFnet 停止运作,Internet 已彻底商业化了。这种把不同网络连接在一起技术的出现,使计算机网络的发展进入一个新的时期,形成由网络实体相互连接而构成的超级计算机网络,人们把这种网络形态称为 Internet(互联网络)。

1.1.2　Internet 的功能

Internet 的主要功能如下。

1. 电子邮件服务

电子邮件服务是 Internet 的一个基本服务。通过电子邮箱,用户可以方便、快速地在 Internet 上交换电子邮件,查询信息,加入有关的公告、讨论和辩论组。

2. 远程登录服务

远程登录是指在网络通信协议 Telnet 的支持下,用户的计算机成为远程计算机的仿真终端。使用 Telnet 可以共享计算机资源,获取有关信息。

3. 文件传输服务

文件传输服务允许用户将一台计算机上的文件传送到另一台上。使用 FTP(File Transfer Protocol,文件传输协议)几乎可以传送任何类型的文件,如文本文件、可执行文件、图像文件、声音文件和压缩文件等。

4. 万维网服务

WWW(World Wide Web,万维网或全球信息网)是基于超文本(Hypertext)方式的信息查询工具,它将位于全世界 Internet 上不同地区的相关信息有机地编织在一起,用户仅需输入某个地址,WWW 就会自动完成。除可浏览文本信息外,WWW 还可以通过相应软件显示与文本内容相关联的图像和声音等。

1.2 网站的体系结构

Internet 的核心技术是网络技术和 TCP/IP 网络协议。这些技术在计算机网络课程中已经介绍,这里不再赘述。从技术角度讲,所有的网站都具有相同的体系结构,即 WWW 客户端/服务器体系结构。本节主要从网站的访问方式、工作过程和分类等角度介绍有关网站的体系结构的知识。

1.2.1 网站的访问方式

连接到 Internet 上的用户主要有两种类型:一种是最终用户,主要使用 Internet 的各种服务;另一种是 Internet 服务提供商(Internet Server Provider,ISP),主要通过高档计算机系统和通信设施连接 Internet,为最终用户提供各项 Internet 服务,收取服务费用。现在 ISP 主要有中国联通、中国移动和中国电信等。根据实际需要,最终用户可以通过单机虚拟拨号或局域网专线方式连接 Internet。网站的内容存储于相应的服务器中,Internet 的各种服务都是由服务器通过通信子网向用户提供的,用户是由客户端经过网络连接设备访问相应服务器而获得信息和服务的。最终用户、ISP、网络设备及服务器连接访问示意图如图 1-1 所示。

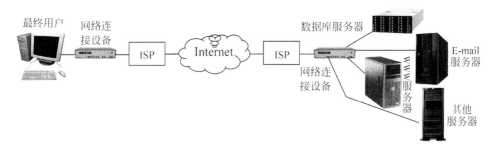

图 1-1 最终用户、ISP、网络设备及服务器连接访问示意图

其中,网络连接设备主要有网线(双绞线、同轴电缆、光纤等)、网卡、调制解调器(Modem)、集线器(Hub)、交换机及路由器等。

1.2.2 网站的工作过程

基于 WWW 客户端/服务器体系结构的网站,客户端通常比较简单,仅仅是已接入 Internet 并具有网页浏览器的计算机,而服务器则相对比较复杂,它是网络上一种为客户端计算机提供各种服务的高性能的计算机,它在网络操作系统的控制下,将与其相连的硬盘、磁带、打印机、Modem 及各种专用通信设备提供给网络上的客户站点共享,也能为网络用户提供集中计算、信息发布及数据管理等服务。它的高性能主要体现在高速度的运算能力、长时间的可靠运行、强大的外部数据存吐能力等方面。

WWW 客户端和服务器可以位于 Internet 上任何位置,它们之间利用标准的 HTTP 协议进行通信。根据服务器的工作状况可以分为静态网站和动态网站两大类。

1. 静态网站

当服务器接收到访问网页请求时,服务器将读取该请求,查找该页,然后将其发送到发出请求的浏览器。静态网站客户端与服务器之间的工作主要分为 4 个步骤:

(1) 客户端通过浏览器向服务器发出 HTTP 请求,请求一个特定的静态网页。

(2) 该 HTTP 请求通过 Internet 传送到服务器。

(3) 服务器接收到这个请求后,找到所请求的静态网页,利用 HTTP 协议将这个静态网页通过 Internet 发送给客户端。

(4) 客户端接收到这个静态网页,并将其显示在浏览器中。

静态网站客户端与服务器之间的工作过程如图 1-2 所示。

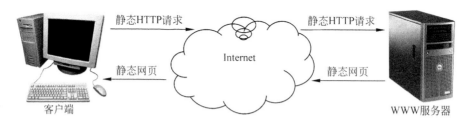

图 1-2　静态网站客户端与服务器之间的工作过程

2. 动态网站

随着用户数量的不断增加和新的信息量的不断增长,网站的规模变得越来越大,网页所需的存储空间也越来越多,网站的维护也日益复杂和困难,静态的网站很难满足各方面的需求。于是,产生了动态服务器技术,它使得 WWW 服务器除了具有基本的 WWW 服务功能之外,还能得到数据库服务器和特定应用程序的支持来提供动态的 WWW 服务。

动态网页是在发送到浏览器之前由应用程序服务器自定义的网页。动态网页要在经过服务器的修改后才被发送到请求浏览器,当服务器接收到对静态网页的请求时,服务器将该页直接发送到请求浏览器,但是当服务器接收到对动态网页的请求时,它将该页传送给负责完成该页面的应用程序服务器。应用程序服务器读取请求页上的代码,根据代码中的指令完成该页,然后将代码从该页上删除。所得的结果是一个静态网页,应用程序服务器将该页传递回服务器,然后服务器将该页发送到请求浏览器。

服务器为动态网页处理请求的步骤如下:

(1) 浏览器请求动态网页。

(2) WWW 服务器查找该页并将其传递给应用程序服务器。

(3) 应用程序服务器查找该页的指令并完成该页。

(4) 应用程序服务器将完成的页发送到 WWW 服务器。

(5) WWW 服务器将完成的页发送到请求浏览器。

动态网站客户端与服务器之间的工作过程如图 1-3 所示。

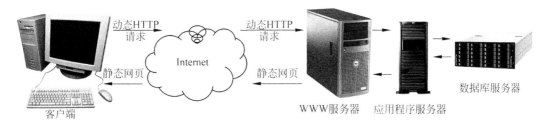

图 1-3 动态网站客户端与服务器之间的工作过程

1.2.3 网站的分类

网站是在互联网上包含访问者可以通过浏览器查看的 HTML(Hyper Text Mark-up Language,超文本标记语言)文档的场所,网站设置在服务器上。网站可以是独立服务器、独立 IP 地址等复杂的大型网站形式,也可以是虚拟主机的形式。网站的内容形形色色,要区分这些网站,需要有一个网站的分类方法。明确要设计的网站属于哪种类型,将有助于更好地进行规划。根据网站内容和服务对象的不同,主要分为以下几种类型。

1. 资讯门户类网站

本类网站以提供信息资讯为主要目的,是目前最普遍的网站形式之一。这类网站虽然涵盖的工作类型多,信息量大,访问群体广,但所包含的功能却比较简单。其基本功能通常包含检索、论坛和留言等,也有一些提供简单的浏览权限控制,例如许多企业网站中就有只对代理商开放的栏目或频道。

这类网站开发的技术含量主要涉及三个因素:

(1)承载的信息类型。例如是否承载多媒体信息,是否承载结构化信息等。

(2)信息发布的方式和流程。

(3)信息量的数量级。目前大部分政府和企业的综合门户网站都属于这类网站,比如新浪、搜狐、新华网等。

2. 企业品牌类网站

企业品牌类网站建设要求展示企业综合实力,体现企业 CIS(Corporate Identity System,企业形象识别系统)和品牌理念。企业品牌类网站非常强调创意,对于美工设计要求较高,精美的 Flash 动画是常用的表现形式。网站内容组织策划、产品展示体验方面也有较高的要求。网站利用多媒体交互技术、动态网页技术,针对目标客户进行内容建设,以达到品牌营销传播的目的。

企业品牌类网站可细分为三类:

(1)企业形象网站。塑造企业形象,传播企业文化,推介企业业务,报道企业活动,展示企业实力。

(2)品牌形象网站。当企业拥有众多品牌,且不同品牌之间市场定位和营销策略各不相同,企业可根据不同品牌建立其品牌网站,以针对不同的消费群体。

(3)产品形象网站。针对某一产品的网站,重点在于产品的体验,例如,汽车厂商每上市一款新车就建立一个新车形象网站,手机厂商推出新款手机形象网站,房地产发展商的新楼盘形象网站等。

3．交易类网站

这类网站是以实现交易为目的,以订单为中心。交易的对象可以是企业,也可以是消费者。

这类网站有三项基本内容:商品如何展示;订单如何生成;订单如何执行。因此,该类网站一般需要有产品管理、订购管理、订单管理、产品推荐、支付管理、收费管理、送发货管理和会员管理等基本系统功能。功能复杂的可能还需要积分管理系统、VIP(Very Important Person)管理系统、CRM(Customer Relationship Management,客户关系管理)系统、MIS(Management Information System,管理信息系统)、ERP(Enterprise Resource Planning,企业资源计划)系统和商品销售分析系统等。交易类网站成功与否的关键在于业务模型的优劣。企业为配合自己的营销计划搭建的电子商务平台也属于这类网站。

交易类网站可细分为三类:

(1) BTOC(Business To Consumer,商家—消费者)网站。主要是购物网站,等同于传统的百货商店、购物广场等。

(2) BTOB(Business To Business,商家—商家)网站。主要是商务网站,等同于传统的原材料市场,如电子元件市场、建材市场等。

(3) CTOC(Consumer To Consumer,消费者—消费者)网站。主要是拍卖网站,等同于传统的旧货市场、跳蚤市场、废品收购站、一元拍卖、销售废旧用品等。比如,淘宝、京东、易趣、拍拍等。

4．社区网站

社区网站指的就是大型的分了很多类的、有很多注册用户的网站,如猫扑、天涯等。

5．办公及政府机构网站

(1) 企业办公事务类网站。

这类网站主要包括企业办公事务管理系统、人力资源管理系统、办公成本管理系统、网站管理系统等。

(2) 政府办公类网站。

这类网站利用外部政务网与内部局域办公网络运行。其基本功能有提供多数据源接口,实现业务系统的数据整合;统一用户管理,提供方便有效的访问权限和管理权限体系;可以灵活设立子网站;实现复杂的信息发布管理流程。

网站面向社会公众,既可提供办事指南、政策法规和动态信息等,也可提供网上行政业务申报、办理、相关数据查询等。比如,首都之窗、北京税务局网站等。

6．互动游戏网站

这是近年来逐渐风靡起来的一种网站。这类网站的投入根据所承载游戏的复杂程度而定,其发展趋势是向超巨型方向发展,有的已经形成了独立的网络世界,让玩家乐不思蜀,欲罢不能。

7. 有偿资讯类网站

这类网站与资讯类网站有点相似,也是以提供资讯为主。有所不同的是其提供的资讯要求直接有偿回报。这类网站的业务模型一般要求访问者或按次,或按时间,或按量付费。

8. 功能性网站

这是近年来兴起的一种新型网站。这类网站的主要特征是将一个具有广泛需求的功能扩展开来,开发一套强大的支撑体系,将该功能的实现推向极致。比如百度、Google 等。

9. 综合类网站

这类网站的共同特点是提供两个以上典型的服务。比如新浪、搜狐等。

1.3　网站的 B/S 架构

B/S(Browser/Server,浏览器/服务器)架构是对 C/S(Client/Server,客户端/服务器)架构的一种变化或者改进。C/S 架构是软件系统体系结构,通过它可以充分利用两端硬件环境的优势,将任务合理分配到客户端和服务器来实现,降低了系统的通信开销,能充分发挥客户端的处理能力。但随着 Web 技术的发展,C/S 就逐渐凸显其缺点,主要体现在:

(1) C/S 架构远程访问需要专门的技术,同时要对系统进行专门的设计来处理分布式的数据。

(2) 客户端需要安装专用的客户端软件。任何一台计算机都需要进行安装、维护和升级,其维护和升级成本非常高。

(3) 对客户端的操作系统一般也有限制。可能适应于 Windows 各版本操作系统,但不能适应于 Linux、UNIX 操作系统等,反之亦然。

(4) C/S 架构投资成本高、任务量大。要选择适当的数据库平台来实现数据库数据的真正"统一",使分布于两地的数据同步完全交由数据库系统去管理,但逻辑上两地的操作者要直接访问同一个数据库才能有效实现。如果需要建立"实时"的数据同步,就必须在两地间建立实时的通信连接,保持两地的数据库服务器在线运行,网络管理工作人员既要对服务器维护和管理,又要对客户端维护和管理,维护成本较高,维护任务量较大。

之所以在 C/S 架构上提出 B/S 架构,是为了满足瘦客户端、一体化客户端的需要,最终目的是节约客户端更新、维护等的成本,以及广域资源的共享。但必须强调的是,C/S 和 B/S 并没有本质的区别,B/S 是基于特定通信协议(HTTP)的 C/S 架构,也就是说 B/S 是包含在 C/S 中的,是特殊的 C/S 架构。

B/S 架构将系统功能实现的核心部分集中到服务器上,简化了系统的开发、维护和使用。客户端上只需安装一个浏览器(Browser),如 Netscape Navigator 或 Internet Explorer,浏览器是现在的操作系统内嵌的必备软件之一。服务器需安装 Oracle、Sybase、Informix 或 SQL Server 等数据库。浏览器通过服务器同数据库进行数据交互,这样大大简化了客户端的载荷,减轻了客户端系统维护与升级的成本和工作量,降低了用户的总体成本。

B/S 结构的优点主要有:

（1）具有分布性特点，可以随时随地进行查询、浏览等业务处理。

（2）扩展简单方便，通过增加网页即可增加服务区功能。

（3）维护和升级简单方便，只需要改变网页即可实现所有用户的同步更新，所有的维护和升级操作只需要针对服务器进行。因此，维护和升级的方式是"瘦"客户端，"胖"服务器。

（4）开发简单，共享性强。

B/S结构的缺点主要有：

（1）个性化特点明显降低，无法实现具有个性化的功能要求。

（2）操作是以鼠标为基本操作方式，无法满足快速操作的要求。

（3）页面动态刷新，响应速度明显降低。

（4）无法实现分页显示，给数据库访问造成较大压力。

（5）功能弱化，难以实现传统模式下的特殊功能要求。

1.4　网站的域名管理

域名（Domain Name）是由一串用"点"分隔的名字组成的 Internet 上某一台计算机或计算机组的名称，用于在数据传输时标识该计算机的电子方位。域名是一个 IP 地址上的"面具"，用域名的目的是便于记忆和沟通一组服务器的地址。世界上第一个域名是在 1985 年 1 月注册的。

网络是基于 TCP/IP 协议进行通信和连接的，网络在区分所有与之相连的网络和主机时均采用了一种唯一且通用的地址格式，即每一个与网络相连接的计算机和服务器都被指派了一个独一无二的地址——IP 地址。为了保证网络上每台计算机的 IP 地址的唯一性，用户必须向特定机构申请注册，分配 IP 地址。网络中的地址方案分为两套：IP 地址系统和域名地址系统。这两套地址系统其实质是一一对应的关系。IP 地址用二进制数来表示（目前以 IPv4 为例加以说明），每个 IP 地址长 32 位，由 4 个小于 256 的数字组成，数字之间用"."分隔，如 192.168.0.1。由于 IP 地址是数字标识，使用时难以记忆和书写，因此在 IP 地址的基础上又发展出一种符号化的地址方案来代替数字型的 IP 地址。每一个符号化的地址都与特定的 IP 地址相对应，这个与 IP 地址相对应的字符型地址就被称为"域名"。

1. 域名的结构

域名通常由英文字母（不区分大小写）、阿拉伯数字和连字符（-）组成，中间不能有空格，"-"不能放在最前面或最后面。一个完整的域名通常由两段或两段以上字符构成，各个段之间用英文句点"."分隔，级别最低的域名写在最左边，而级别最高的域名写在最右边。如域名 aaa. bbb. ccc，其中 ccc 部分是顶级域名或一级域名，bbb 部分是二级域名，aaa 部分是三级域名，若左边部分还有，则称为四级域名，依此类推。由多级域名组成的完整域名总共不超过 255 个字符。例如，新浪网的网址是 www. sina. com. cn，其中 www 是主机名，sina. com. cn 是域名。

一些国家也在开发使用本国语言构成的域名，如德语、法语等。中国也开始使用"中文域名"，但可以预计，在今后相当长的时期内，使用"英文域名"仍然是主流。

2. 域名的级别

域名可分为不同的级别，包括顶级域名、二级域名等。

1）顶级域名

顶级域名又分为两类：一类是国际顶级域名（International Top-Level Domain-names，iTLDs）。这也是使用最早、最广泛的域名。例如，表示工商企业的.com、表示网络提供商的.NET、表示非盈利组织的.org等。另一类是国内顶级域名（National Top-Level Domain-names，nTLDs）。即按照国家的不同，分配不同的后缀，这些域名即为该国的国内顶级域名。200多个国家和地区都按照ISO3166国家代码分配了顶级域名，例如中国是cn，美国是us，日本是jp等。

在实际使用和功能上，国际域名与国内域名没有任何区别，都是互联网上具有唯一性的标识。只是在最终管理机构上，国际域名由美国商业部授权的互联网名称与数字地址分配机构（The Internet Corporation for Assigned Names and Numbers，ICANN）负责注册和管理；而国内域名则由中国互联网络管理中心（China Internet Network Information Center，CNNIC）负责注册和管理。

2）二级域名

二级域名是指顶级域名之下的域名，在国际顶级域名下，它是指域名注册人的网上名称，例如IBM、Yahoo和Microsoft等，在国家顶级域名下，它是表示注册行业类别的符号，例如com、edu、gov和net等。

中国在国际互联网络信息中心（Inter NIC）正式注册并运行的顶级域名是cn，这也是中国的顶级域名。在顶级域名之下，中国的二级域名又分为类别域名和行政区域名两类。类别域名共6个，包括用于科研机构的ac；用于工商金融企业的com；用于教育机构的edu；用于政府部门的gov；用于互联网络信息中心和运行中心的net；用于非盈利组织的org。而行政区域名有34个，分别对应于中国各省、自治区和直辖市，如表1-1所示。

表1-1　中国行政区二级域名表

行　政　区	域　　名	行　政　区	域　　名
北京市	bj	湖北省	hb
上海市	sh	湖南省	hn
天津市	tj	广东省	gd
重庆市	cq	广西壮族自治区	gx
河北省	he	海南省	hi
山西省	sx	四川省	sc
内蒙古自治区	nm	贵州省	gz
辽宁省	ln	云南省	yn
吉林省	jl	西藏自治区	xz
黑龙江省	hl	陕西省	sn
江苏省	js	甘肃省	gs
浙江省	zj	青海省	qh
安徽省	ah	宁夏回族自治区	nx
福建省	fj	新疆维吾尔族自治区	xj
江西省	jx	台湾地区	tw
山东省	sd	香港特别行政区	hk
河南省	ha	澳门特别行政区	mo

3）三级域名

三级域名由字母(A～Z或a～z,不区分大小写)、阿拉伯数字(0～9)和连接符(-)组成,如无特殊原因,建议采用申请人的英文名(或缩写)或汉语拼音名(或缩写)作为三级域名,以保持域名的清晰性和简洁性。

3. 域名的解析

域名注册好之后,只说明对这个域名拥有使用权,如果不进行域名解析,这个域名就不能发挥它的作用,经过解析的域名可以用来作为电子邮箱的后缀,也可以用来作为网址访问该网站。"域名解析"就是将域名转换为IP地址的过程。一个域名只能对应一个IP地址,而多个域名可以同时被解析到一个IP地址。Internet上查询域名或IP地址的超级目录服务系统称为域名系统(Domain Name System,DNS),域名解析需要由专门的域名解析服务器来完成,域名解析服务器即DNS服务器。DNS是一个分布式的域名服务系统,分为根服务器、顶级域名服务器和应用域名服务器。目前全球有13个根服务器,负责找到相应的顶级域名服务器。

域名解析过程如下:

(1) 客户端向其所属的DNS服务发送域名解析请求。

(2) DNS服务器接收到解析请求后,从本地数据库中查找是否有此域名,若有,则从域名与地址的映射表中取出相应的IP地址;若本地数据库中没有用户所请求的域名,客户请求将被转发到其他服务器(授权服务器)。

(3) 反复转发直到域名解析成功,解析结果将逐级送回客户端的DNS服务器。

(4) 客户端的DNS服务器将结果送回客户端。

域名解析过程如图1-4所示。

图1-4　域名解析过程

通常使用URL(Uniform Resource Locator,统一资源定位符)进行网络资源的定位。下面以河北民族师范学院的URL为例,其形式为http://www.hbun.net,其中http为协议类型(http是超文本传输协议,主要用于www网站;www是万维网网站主机;hbun.net是网站的域名。在实际资源请求中,请求过程如下:首先用户在浏览器(如IE)的地址栏中输入http://www.hbun.net地址,然后系统将判断以何种协议进行通信,并通过某种方式将网站名称即域名解析为相应的IP地址,最后利用得到的IP地址,通过网络与目标网站所在的主机建立通信,得到相应的网络资源。

4. 域名的注册

域名的使用是全球范围的,没有严格地域性的限制;从时间性的角度看,域名一经获得即可永久使用,并且无须定期续展;域名在网络上是绝对唯一的,一旦取得注册,其他任何人不得注册、使用相同的域名,因此其专有性也是绝对的;另外,域名非经法定机构注册不得使用等。

1) 域名注册条件

一般来说,注册英文域名是没有限制的,只要域名没被注册,任何个人和单位都可以申请注册。注册 cn 域名和中文域名单位需要具有法人资格。另外,gov 和 gov.cn 域名必须是政府机构才可以申请注册,并且要向域名注册商提供盖有申请单位公章的域名注册申请表,以及证明申请单位为政府机构的书面材料。

2) 域名的命名规则

由于 Internet 上的各级域名是分别由不同机构管理的,因此各个机构管理域名的方式和域名命名的规则也有所不同。但域名的命名也有一些共同的规则,主要有以下几点:

(1) 域名中只能包含以下字符:26 个英文字母(A~Z 或 a~z,不区分大小写)、10 个阿拉伯数字(0~9)和连接符(-)。

(2) 对于一个域名的长度是有一定限制的,由多个标号组成的完整域名总共不超过 255 个字符。

(3) 早期 cn 域名只能注册三级域名,从 2002 年 12 月份开始,CNNIC 开放了国内 cn 域名下的二级域名注册,可以在 cn 下直接注册域名。

(4) 2009 年 12 月 14 日 9 点之后新注册的 CN 域名需提交实名制材料(注册组织、注册联系人的相关证明)。

(5) 注册含有 china、chinese、cn 和 national 等域名需经国家有关部门(指部级以上单位)正式批准。

(6) 公众知晓的其他国家或者地区名称、外国地名、国际组织名称不得使用。

(7) 县级以上(含县级)行政区划名称的全称或者缩写需经相关县级以上(含县级)人民政府正式批准。

(8) 行业名称或者商品的通用名称不得使用。

(9) 他人已在中国注册过的企业名称或者商标名称不得使用。

(10) 对国家、社会或者公共利益有损害的名称不得使用。

3) 域名的申请步骤

(1) 准备申请资料。com 域名无需提供身份证、营业执照等资料,2012 年 6 月 3 日 cn 域名已开放个人申请注册,申请需要提供身份证或企业营业执照。

(2) 查找域名注册网站。由于 com、cn 域名等不同后缀均属于不同注册管理机构所管理,如要注册不同后缀域名,则需要从注册管理机构寻找经过其授权的顶级域名注册查询服务机构。例如,com 域名的管理机构为 ICANN,cn 域名的管理机构为 CNNIC。域名注册查询注册商已经通过 ICANN、CNNIC 双重认证。

(3) 查询域名。在注册商网站注册用户名成功后并查询域名,拟定好的域名必须先查询是否已被注册,若查询国际顶级域名,可到国际互联网络中心 http://www.internic.net/whois.html 查询,如图 1-5 所示。

若查询国内顶级域名,可到中国互联网络信息中心查询,如图 1-6 所示。

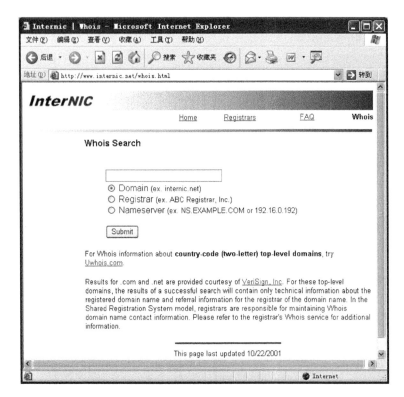

图 1-5　国际互联网络中心域名查询页面

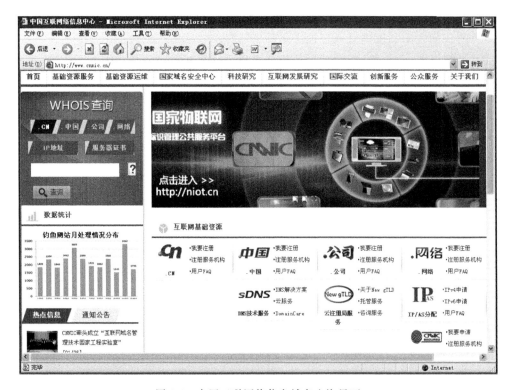

图 1-6　中国互联网络信息域名查询界面

（4）申请注册。查到想要注册的域名,并且确认域名为可申请的状态后,提交注册。

（5）递交申请材料。在线注册完毕后,必须按照要求递交申请材料,内容包括域名注册申请表、单位介绍信、承办人身份证复印件、单位依法登记文件的复印件。如果是企业,则应提交营业执照复印件；如果是其他组织,则应提交相应主管部门批准其成立的文件复印件。

（6）注册审核。用户递交申请之后,注册机构会对材料进行严格审核,并回复确认。

（7）缴费生效。在收到已通过审核的通知后,用户应按要求缴纳注册费。

（8）申请成功。正式申请成功后,即可开始进行 DNS 解析管理、设置解析记录等操作。

第 2 章

网站规划设计

网站是信息资源交流的平台和信息资源服务的窗口。网站的规划和设计过程是一项复杂而细致的工作。要开发一个优秀的、实用的网站,需要对网站的需求作深入的调研分析,运用科学的方法进行规划和设计,还要根据网站的内容和特点,采用先进的技术,按一定的设计流程、原则和规范,将网站的主题内容和表现形式有机地结合,设计制作出内容丰富、形式多样、使用方便的功能型和服务型应用网站。

2.1 网站规划设计方法

网站规划设计是指使用标记语言(Markup Language,ML),通过一系列设计、建模和执行的过程,将电子格式的信息通过互联网传输,最终以图形用户界面的形式被用户所浏览。简单来说,网页设计的目的就是产生网站。简单的信息如文本(文字、字符、数字和符号等)、图片(.gif、.jpg 和.png 等)、音频、视频、动画和表格等,都可以通过使用超文本标记语言或可扩展超文本标记语言等放置到网站页面上。

2.1.1 网站的设计流程

网站的设计是一个复杂的工作,要按照管理一个工程项目的方法来管理和控制。网站的设计流程主要有以下几个阶段。

1. 客户建站申请

由客户提出网站建设基本要求和提供相关的文本及图像资料,包括单位介绍、项目描述、网站基本功能和网站的基本设计要求等。

2. 制定网站开发建设方案

设计方根据客户提出的网站建设基本要求与客户就网站建设内容进行协商、修改和补充,达成共识,设计方以此为基础,编制《网站开发建设方案》,双方确定网站建设方案具体细节及网站建设开发费用,该文档是双方对网站项目进行备查和验收的依据。主要内容包括:
(1)客户情况分析。
(2)网站需要实现的功能和目标。
(3)网站形象说明。

（4）网站的栏目版块和结构。

（5）网站内容的安排及相互链接关系。

（6）软件、硬件和技术分析说明。

（7）开发时间进度表。

（8）宣传推广方案。

（9）维护方案。

（10）制作成本。

（11）设计队伍简介（成功作品、技术和人才说明等）。

3．签订相关协议

设计方和客户根据《网站开发建设方案》签订《网站开发建设协议》、客户支付预付款、客户提供网站建设需要的相关内容资料（文本、图像和音、视频等）。

4．申请域名

域名用于在数据传输时标识计算机的电子方位，申请域名需遵循先申请先注册原则，每个域名都是独一无二的。设计方可以帮助客户根据其单位性质和需要申请相应的域名。

5．申请网站空间

域名申请了，还需要存放网站的空间，这个存放网站的空间就是服务器。对于网站的存放空间，要根据客户的性质和经济实力进行购买搭建或租赁服务器硬盘空间。

6．总体设计

这一阶段由设计方根据《网站开发建设方案》的要求，完成以下内容：

（1）分析网站功能和需求，编写《网站项目需求说明书》，一定要让客户满意，并签字认可。

《网站项目需求说明书》应根据客户的网站建设申请和要求进行细化，其中主要应对网站的功能和设计要求进行详细描述，要使客户和设计方都能准确无误地理解每一个要求。因此，《网站项目需求说明书》一般要求：

① 正确性。必须描述清楚每个功能的要求。

② 可行性。必须明确每个功能在现有技术能力和系统环境下可以实现。

③ 必要性。必须清楚每个功能能否按时交付，是否可以在消减开支时"砍"掉。

④ 检测性。如果开发完毕，客户可以根据需求进行检测。

（2）根据《网站项目需求说明书》，设计者需对网站项目进行总体设计，编制一份《网站总体设计技术方案》。这是给设计人员使用的技术文档，主要内容包括：

① 网站系统性能定义。

② 网站运行的软件和硬件环境。

③ 网站系统的软件和硬件接口。

④ 网站功能和栏目设置及要求。

⑤ 主页面及次页面大概数量。

⑥ 网页和程序的链接结构。

⑦ 数据库概要设计。

⑧ 网站页面总体风格及美工效果。

⑨ 网站用户初步界面。

⑩ 各种页面特殊效果及其数量。

⑪ 项目管理及任务分配。

⑫ 项目完成时间及进度(根据协议)。

⑬ 明确项目完成后的维护责任。

7. 详细设计

详细设计阶段的任务就是把设计项目具体化。详细设计包括网页模板设计和应用程序设计,需要写出每个网页或程序的详细设计文档。这些文档包含必要的细节,如首页版面、色彩、图像、动态效果、图标等风格设计;内容网页的布局、字体、色彩等;功能程序的界面、表单、需要的数据等;还有菜单、标题、版权等模块设计等。详细设计过程还要有详细的设计记录,如功能模块变更记录、模板样式修改记录、变量参数调整记录和链接关系变更记录等,以备设计组成员之间的协调设计和日后维护参考等。

8. 网站的测试与发布

这一阶段由客户根据协议内容和要求进行测试和审核。测试主要对网页的速度、兼容性、交互性、链接正确性、程序的健壮性和超流量进行测试等,发现错误立刻记录并反馈给设计人员进行修改。测试人员对每项的测试都应有完整的测试记录,内容包括测试项目、测试内容、测试方法、测试过程、测试结果、修改建议、测试人员和测试时间等。

经测试,修改,验收合格后上传发布网站,并做好发布记录(记录包括发布的内容和时间、发布到网站上的位置。若是修改后的更新发布,则应保存并注明原内容),客户支付开发费用余款。

9. 完善资料,网站推广维护

这一阶段设计方进一步完善开发所用的资料,向客户提交《网站维护说明书》。维护可由设计方维护,也可由客户自行维护。若由设计方维护,设计方根据《网站开发建设协议》和《网站维护说明书》的相关条款对客户网站进行维护和更新。

2.1.2　网站的设计原则

当前网站林立,可是由于设计者对网站的认识还不够深入,多数并不知道自己的网站到底能干些什么,人们为什么会来访问你的网站?他们还会不会再次光临?其实,无论是哪一类网站,网站的成功与否主要取决于网站所具备的基本原则。要规划与设计一个有吸引力的网站,至少应该遵循以下基本原则。

1. 明确网站设计的目的与用户需求

网站的设计是展现单位形象,介绍职能或产品及服务,体现单位发展战略的重要途径。

因此,必须明确设计网站的目的和用户需求,从而做出切实可行的计划。首先必须根据用户的需求、社会市场的状况、单位自身的情况等进行综合分析,明确建设网站的目的是什么? 单位能提供什么样的服务? 网站的受众群体的基本特点是什么? 如受教育程度、收入水平、需要信息的范围及深度等,做到有的放矢。

2. 总体设计方案主题鲜明

在目标明确的基础上,完成网站的构思创意,即总体设计方案。对网站的整体风格和特色进行定位,规划网站组织结构。网站应针对所服务对象(机构或个人)的不同而具有不同的形式。有些网站只提供简洁的文本信息;有些则采用多媒体表现手法,提供华丽的图像、闪烁的灯光、复杂的页面布置,甚至可以下载声音和录像片段。一个好的网站将把图像表现手法和有效的组织与通信结合起来,主要体现在主题鲜明突出,要点明确,以简单朴实的语言和画面体现网站的主题,调动一切手段充分表现网站的个性和情趣,办出网站的特色。

3. 各网页形式与内容相统一

要将丰富的意义和多样的形式组织成统一的页面结构,形式语言必须符合页面的内容,体现丰富的内涵。运用对比与调和、对称与平衡、节奏与韵律及留白等手段,通过文字、空间、图形相互之间的关系建立整体的均衡状态,产生和谐的美感。如对称原则在页面设计中,它的均衡有时会使页面显得呆板,但如果加入一些富有动感的文字、图案,或采用夸张的手法来表现,往往会达到比较好的效果。点、线、面是视觉语言中的基本元素,使用点、线、面的互相穿插、互相衬托、互相补充,构成最佳的页面效果。网页设计中点、线、面的运用并不是孤立的,很多时候都需要互相结合起来,表达完美的设计意境。

4. 网站版式设计应结构清晰

网站版式设计要讲究编排和布局,应通过文字、图形和图像等进行空间组合,表达出和谐的美感。多页的网站各页面的编排设计要求把各页面之间的有机联系清晰地反映出来,尤其要处理好页面之间和页面内的版面和内容的关系,使得版式设计结构清晰。

5. 多媒体技术的合理利用

网站资源的优势之一是多媒体功能。要吸引浏览者注意力,页面的内容可以用二维动画、三维动画和音、视频来表现。但要注意,由于网络带宽的限制,在使用多媒体形式表现网页的内容时,应考虑到客户端的传输速度。

6. 网站的信息交互能力要强

如果一个网站只是为访问者提供浏览,而不能引导浏览者参与到网站内容的部分建设中去,那么它的吸引力是有限的。只有当浏览者能够很方便地和信息发布者相互交流,该网站的魅力才能充分体现出来,所以要注重加强网站信息的交互能力。

7. 保证安全快速访问

因特网运行的最大瓶颈是网页的传送速度。足够的带宽是快速访问的保证,但现实的带宽并不能真正满足网页的快速访问,所以在进行网站规划设计时,就要考虑利用什么技术和方式方法来使得网页能更快地被访问。

8. 网站信息的及时更新

网站信息必须经常更新。网站信息的不断更新,让浏览者了解单位的发展动态和网络服务等,同时也会帮助单位建立良好的形象。每次更新的网页内容尽量要在主页中提示给浏览者。由于网站内容的结构一般都是树型结构,所有文章都包含在各级版块或栏目中,因此,如果每次更新的网页内容全都被放进了各级版块和栏目中,浏览者并不知道更新了哪些东西,所以在这种情况下,一定要在首页中显示出最新更新的网页目录,以便于访问者浏览。

2.1.3　网站的设计技术

网站设计技术主要包括 Web 服务器技术和网页设计技术两部分。Web 服务器技术主要涉及 Web 服务器网络操作系统及相关软件的安装、调试与管理维护,主要内容将在第 3 章详细介绍。本节主要介绍网页设计技术。

网页设计技术主要有静态网页设计技术和动态网页设计技术。

静态网页设计技术一般采用静态的 HTML(Hyper Text Mark-up Language,超文本标记语言),结合 JavaScript、图像处理、动画制作、音视频处理、通用网关接口(Common Gateway Interface,CGI)编程和层叠样式表(Cascading Style Sheets,CSS)等技术。静态网页是标准的 HTML 文件,它的文件扩展名是 htm 或 html,可以包含文本、图像、声音、Flash 动画、客户端脚本和 ActiveX 控件及 Java 小程序等。静态网页是网站建设的基础,早期的网站一般都是由静态网页设计技术制作的。静态网页是相对于动态网页而言,是指没有后台数据库、不含程序和不可交互的网页。静态网页相对来说更新起来比较麻烦,适用于一般更新较少的展示型网站。静态网页也可以出现各种动态的效果,如 gif 格式的动画、Flash 和滚动字幕等。

静态网页设计技术是基础,动态网页设计技术是方向。

所谓动态网页是指网页文件里包含了程序代码,通过后台数据库与 Web 服务器的信息交互,由后台数据库提供实时数据更新和数据查询服务。这种网页的后缀名称一般根据不同的程序设计语言有所不同,如常见的有 .asp、.jsp、.php、.perl 和 .cgi 等形式。动态网页能够根据不同时间和不同访问者而显示不同内容,如常见的 BBS(Bulletin Board System,电子公告牌系统)、留言板和购物系统等。动态网页的制作比较复杂,需要用到 ASP(Active Server Page,动态服务器页面)、PHP(PHP:Hypertext Preprocessor,PHP:超文本预处理器)、JSP(Java Server Page,Java 服务器页面)和 ASP.NET 等专门的动态网页设计语言。动态网页是基本的 html 语法规范与 Java、VB、VC 等高级程序设计语言、数据库编程等多种技术的融合,以期实现对网站内容和风格的高效、动态和交互式的管理。因此,从这个意义上来讲,凡是结合了 HTML 以外的高级程序设计语言和数据库技术进行的网页编程技术生成的网页都是动态网页。

目前较流行的网页设计工具主要有原 Macromedia 公司的网页设计三剑客 Dreamweaver、Fireworks 和 Flash,Adobe 公司的 PageMail、GoLive 和 LiveMotion 等以及 Microsoft 公司 Office 软件中的 FrontPage 等。

目前 Web 服务器端编程技术和语言主要有 HTML5 和 CSS3、ASP、PHP、JSP、ASP. NET 及 CGI 等。

1. HTML5

HTML5 是用于取代 1999 年制定的 HTML4.01 和 XHTML1.0 标准的 HTML 标准版本。现在仍处于发展阶段,但大部分浏览器已经支持某些 HTML5 技术。HTML5 有两大特点:首先,强化了 Web 网页的表现性能。其次,追加了本地数据库等 Web 应用的功能。广义的 HTML5 实际指的是包括 HTML、CSS 和 JavaScript 在内的一套技术组合,旨在减少浏览器对于需要插件的众多的网络应用服务需求,如 Adobe Flash、Microsoft Silverlight 以及 Oracle JavaFX 的需求,并且提供更多能有效增强网络应用的标准集。

HTML5 具有如下特性:

(1) 语义特性。

HTML5 赋予网页更好的意义和结构。更加丰富的标签将随着对 RDFa(RDF attribute,一种用于 HTML 或 XHTML 文档的语义标注技术)的微数据与微格式等方面的支持,构建对程序和用户更有价值数据驱动的网页。

(2) 本地存储特性。

基于 HTML5 开发的网页 APP(Application,应用程序)拥有更短的启动时间,更快的联网速度,这些全得益于 HTML5 APP Cache,以及本地存储功能。

(3) 设备兼容特性。

HTML5 为网页应用开发者提供了更多功能上的优化选择,提供了数据与应用接入接口,使外部应用可以直接与浏览器内部的数据直接相连。

(4) 连接特性。

HTML5 拥有更有效的服务器推送技术,如 Server-Sent Event 和 WebSockets 能够实现服务器将数据"推送"到客户端的功能,更有效的提高工作效率,使得基于页面的实时聊天、更快速的网页游戏体验、更优化的在线交流得到了实现。

(5) 网页多媒体特性。

HTML5 支持网页的 Audio、Video 等多媒体功能。

(6) 三维图形及特效特性。

HTML5 实现基于 SVG(Scalable Vector Graphics,可缩放矢量图形)、WebGL 及 CSS3 的 3D 功能及其特殊效果。

(7) 性能与集成特性。

HTML5 通过 XMLHttpRequest2 技术解决跨域问题,使得网站在多样化的环境中快速地工作。

(8) CSS3 特性。

CSS3 中提供了更多的风格和更强的效果。

2. CSS3

在网页制作时采用 CSS 技术,可以有效地对页面的布局、字体、颜色、背景和其他效果实现更加精确的控制。只要对相应的代码做一些简单的修改,就可以改变同一页面的不同部分,或者页数不同的网页的外观和格式。CSS3 是 CSS 技术的升级版本,CSS3 语言开发是朝着模块化发展的。CSS3 分解为很多小的模块,主要包括盒子模型、列表模块、超链接方式、语言模块、背景和边框、文字特效、多栏布局等。

3. ASP 和 ASP.NET

ASP 是微软(Microsoft)公司所开发的一种后台脚本语言,它的语法和 Visual Basic 类似,可以像 SSI(Server Side Include,服务器端嵌入)那样把后台脚本代码内嵌到 HTML 页面中。虽然 ASP 简单易用,但是它自身存在着许多缺陷,最重要的就是安全性问题。目前在微软的.NET 战略中新推出的 ASP.NET 借鉴了 Java 技术的优点,使用 C Sharp(C♯)语言作为 ASP.NET 的推荐语言,同时改进了 ASP 的安全性差等缺点。但是,使用 ASP/ASP.NET 仍有一定的局限性,因为从某种角度来说它们只能在微软的 Windows NT/2000/XP + IIS 的服务器平台上良好运行。所以平台的局限性和 ASP 自身的安全性限制了 ASP 的广泛应用。ASP 在执行的时候,是由 IIS 调用程序引擎,解释执行嵌在 HTML 中的 ASP 代码,最终将结果和原来的 HTML 一同送往客户端。

ASP.NET 是 Microsoft.NET 的一部分,作为战略产品,它不仅仅是 ASP 的下一个版本,它还提供了一个统一的 Web 开发模型,其中包括开发人员生成企业级 Web 应用程序所需的各种服务。ASP.NET 的语法在很大程度上与 ASP 兼容,同时它还提供一种新的编程模型和结构,可生成伸缩性和稳定性更好的应用程序,并提供更好的安全保护。可以通过在现有 ASP 应用程序中逐渐添加 ASP.NET 功能,随时增强 ASP 应用程序的功能。ASP.NET 是一个已编译的、基于.NET 的环境,可以用任何与.NET 兼容的语言(包括 Visual Basic.NET、C♯ 和 JScript.NET)创作应用程序。另外,任何 ASP.NET 应用程序都可以使用整个.NET Framework。开发人员可以方便地获得这些技术的优点,其中包括托管的公共语言运行库环境、类型安全和继承等。

4. PHP

PHP 是一种 HTML 内嵌式的语言,它混合了 C、Java、Perl 的新语法,可以比 CGI 或 Perl 更快速地执行动态网页。

PHP 的源代码完全公开,不断地有新的函数库加入,以及不停地更新,使得 PHP 无论在 UNIX 或是 Win32 平台上都有更多新的功能。它提供丰富的函数,使得在程序设计方面有着更好的资源。目前 PHP 的最新版本为 4.1.1,它可以在 Win32 及 UNIX/Linux 等几乎所有的平台上良好工作。PHP 在 4.0 版后使用了全新的 Zend 引擎,其在最佳化之后的效率比传统 CGI 或者 ASP 等技术有了更好的表现。平台无关性是 PHP 的最大优点。开发效率高,成本低,在 Linux 的平台上和 MySQL 是最好的搭档。

5. JSP

在形式上 JSP 和 ASP 或 PHP 看上去很相似,都可以被内嵌在 HTML 代码中。但是,JSP 的执行方式和 ASP 或 PHP 完全不同。在 JSP 被执行的时候,JSP 文件被 JSP 解释器(JSP Parser)转换成 Servlet(Servlet 是在服务器上运行的小程序)代码,然后 Servlet 代码被 Java 编译器编译成.class 字节文件,这样就由生成的 Servlet 来对客户端进行应答。所以,

JSP 可以看做是 Servlet 的脚本语言版。

JSP 是基于 Java 的,它也具有 Java 语言的最大优点——平台无关性。除了这个优点外,JSP 还具有高效率和高安全性等优点。

在调试 JSP 代码时,如果程序出错,JSP 服务器会返回出错信息,并在浏览器中显示。这时,由于 JSP 是先被转换成 Servlet 后再运行的,因此浏览器中所显示的代码出错的行数并不是 JSP 源代码的行数,而是指转换后的 Servlet 程序代码的行数。这给调试代码带来一定困难。所以,在排除错误时,可以采取分段排除的方法(即在可能出错的代码前后输出一些字符串,用字符串是否被输出来确定代码段从哪里开始出错),逐步缩小出错代码段的范围,最终确定错误代码的位置。

6. CGI

CGI(Common Gateway Interface,公共网关接口)是最早被用来建立动态网站的后台技术。这种技术可以使用各种语言来编写后台程序,如 C、C++、Java 及 Pascal 等,但是目前在 CGI 中使用最为广泛的是 Perl 语言。所以,狭义上所指的 CGI 程序一般都是指 Perl 程序,一般 CGI 程序的后缀都是 pl 或 cgi。CGI 程序在运行的时候,首先是客户向服务器上的 CGI 程序发送一个请求,服务器接收到客户的请求后,就会打开一个新的 Process(进程)来执行 CGI 程序,处理客户的请求。CGI 程序最后将执行的结果(HTML 页面代码)传送给客户。由于 CGI 程序每响应一个客户就会打开一个新的进程,因此当有多个用户同时进行 CGI 请求时,服务器就会打开多个进程,这样就加重了服务器的负担,使服务器的执行效率变得越来越低,CGI 方式不适合大访问量的应用。

如今主流的 Web 服务器软件主要有 IIS(Internet Information Services,Internet 信息服务)和 Apache。IIS 支持 ASP 且只能运行在 Windows 平台下,Apache 支持 PHP、CGI、JSP 且可运行于多种平台。Apache 是世界使用排名第一的 Web 服务器软件。它可以运行在几乎所有广泛使用的计算机平台上,由于其跨平台和安全性被广泛使用,是最流行的 Web 服务器端软件之一。

2.2 网站规划内容

网站的成功与否与建站的规划有着极为重要的关系。在建站之前应该明确建设网站的目的、确定网站的功能、网站的规模、投入费用、进行必要的市场分析等。只有进行详细的规划,才能保障网站建设顺利进行。

1. 网站规划的范围

网站的规划主要应该从以下几方面进行:

(1)网站市场规划。即明确网站是给谁使用的,用户群体有何特点等。

(2)网站目的和功能规划。即建设网站的基本目的是什么,通过什么功能来实现。

(3)网站技术方案规划。即采用什么主流技术和平台来实现。

(4)网站内容涉及规划。即设置什么网站栏目和内容来表现网站的功能和目的。

(5)网站管理与维护规划。即网站的建设与日后的管理和维护如何实现。

（6）网站建设日程规划。即网站的建设时间和进度安排。

（7）网站建设费用规划。即网站的建设和日后的运行维护费用预算。

2．网站技术方案规划

网站建设的整体技术方案规划主要包括以下几方面：

（1）网站类型的选择。网站的类型很多，一般网站设计者都提供几种类型的网站建站方案，其中常见网站类型有浏览型、宣传型、专业型、高级型、数据型和商务型等。

（2）网站空间选择。网站空间一般有租赁虚拟主机、自建专用服务器及硬盘空间大小的选择。

（3）操作系统选择。操作系统的选择需要分析投入成本、网站的功能、开发技术、系统稳定性和安全性，以及网站的管理和维护人员等要求，综合选择一种合适的操作系统。

（4）数据库选择。浏览型、宣传型的网站可以不用数据库；动态网站需要数据库的支持，现在最常用的数据库有 Access 数据库、MySQL 数据库和 SQL Server 数据库等。

（5）开发技术的选择。根据网站的类型及功能等选择开发技术，如选择何种网页设计工具软件，选择何种编程技术和语言等。

（6）网站的维护选择。网站的维护是网站发展的重要手段，选择建站方案时就要考虑到以后网站维护的方式。对于浏览型、宣传型网站，维护只需自行更改网页即可；对于商务型网站，通常都开发强大的维护系统，以后可以通过维护系统对网站进行必要的维护。

（7）网站安全措施选择。网站安全方面主要考虑防病毒攻击、黑客攻击、权限管理和信息加密等问题。

（8）网站建设费用。网站建设费用一般包括设计费、首页制作费、普通网页制作费、特殊效果费、图像（包括动画）制作费、功能模块的开发费、域名费、虚拟主机空间租赁费或服务器设备费。其中设计费、网页制作费、功能模块开发费等根据用户的选择大不相同。

2.3　网站内容设计

网站的内容对于网站建设成功起着至关重要的作用，主要涉及网站的主题、网站的结构、网站的形象和网站的技术规范等。

2.3.1　网站主题的定位

所谓网站的主题就是网站的题材。对于任何一个网站的设计，首先遇到的问题就是定位网站的主题。因为要想建好一个网站，首先就得确定这个网站的方向。由于网站的类型、目标、功能和应用的不同，网站的主题也就各不相同。可以说，每一个网站的初期定位阶段即决定了这个网站未来的走向。因此，网站主题的选择与定位就显得十分重要。

在世界排名前 100 位的知名网站中，这些网站大体分为 10 类题材：

第 1 类：网络信息服务。即网络搜索，如 Google、百度等。

第 2 类：网上聊天/即时信息/ICQ 等聊天交友网站。

第 3 类：网上社区/讨论/邮件列表等信息服务。

第4类：计算机技术探讨与应用服务。

第5类：网页/网站开发制作技术与应用。

第6类：面向行业与大众的娱乐型网站。

第7类：旅行旅游资讯类。

第8类：参考信息/行业资讯服务。

第9类：面向家庭/服务教育。

第10类：生活信息类/时尚潮流资讯。

基于以上的10大分类，可以继续在这些分类基础上细分，然后确定自己网站的主题方向。如果对某些方面有兴趣，有着自己独到的理解与认识，或者掌握有大量的资源与资料，可以沿着这个方向去建设一个网站。

对于网站主题的选择，一般建议如下：

（1）主题要有特色，目标不要太高。

选择的网站主题要有一定的特色，和网络上同类的其他站点要有所区别，并且目标不要定太高。

（2）主题不要太宽泛。

对普通网站主题来说，范围要小，内容要精。如果想制作一个包罗万象的站点，妄图把所有精彩的东西都放在网站里面，那么往往会事与愿违，给访问者的感觉反而是没主题、没特色。

相反，如果网站主题定位精准，搜索引擎优化的竞争相对就会较弱，吸引而来的客户也就更有目的性，更容易获得信息传递，也有助于提高转化率和产品销售成功率。

（3）选择自己喜欢或擅长的领域。

兴趣是制作网站的动力，没有兴趣就很难有热情，也就很难设计制作出优秀的网站，更无法长期坚持下去。

选择自己喜欢的、擅长的网站主题，在制作、维护网站时才不会觉得无聊或者力不从心，也更容易制作出让来访者认同的有价值的内容。

2.3.2　网站名称的选择

网站名称也是网站设计的一部分，而且是很关键的一个要素。名称代表一个网站的形象，域名标志着网站的存在。因此给网站取个好名字很重要。网站名称应该有特色且易记，这对网站的形象和宣传推广有重要意义。一般建议如下：

（1）名称要准确。

网站的名称要体现出网站的内容，名要符实。使浏览者看到名称就大致知道网站包含的内容，这样也会为浏览者节约时间。同时名称要合法、合理、合情。不能用危害社会安全、违法、反动和迷信的名词语句。

（2）名称要有特色。

名称能体现一定的内涵，给浏览者更多的视觉冲击和空间想象力，在体现出网站主题的同时，还要体现网站的特色。

（3）名称要易记。

根据中文网站浏览者的特点，除非特定需要，网站名称最好用中文名称，不要使用英文或中英文混合型名称。另外,网站名称的字数应控制在 6 个字以内,因为一般友情链接的小链接图标尺寸是 88×30 像素,而 6 个字的宽度是 78 像素左右,适合于其他站点的链接排版。

2.3.3　网站结构设计

对于每一个网站,由于内容的不同,往往需要设计多个不同的栏目。一个合理、符合逻辑的网站结构,无论是对网站的建设还是对以后的管理、维护与升级都是大有裨益的;反之,则会给以后的工作带来麻烦。网站的结构设计取决于网站的目标、内容、功能、网页呈现方式、网页风格、浏览习惯和思维逻辑等,而网站的内容和功能是网站结构的决定因素。网站结构对网站的搜索引擎友好性及用户体验有着非常重要的影响。

网站的结构可以分为网站的物理结构和逻辑结构。两者之间既有区别又有联系,二者相辅相成。

1．网站的物理结构

网站的物理结构指的是网站目录及所包含文件所存储的真实位置所表现出来的结构。物理结构一般包含两种不同的表现形式,即扁平式物理结构和树型物理结构。

(1)扁平式物理结构。

扁平式物理结构是将所有网页都存放在网站根目录下。这种结构对搜索引擎而言是最为理想的,因为只要一次访问即可遍历所有页面。但是,如果网站页面比较多,太多的网页文件都放在根目录下,查找和维护起来就相当麻烦,所以,扁平式物理结构一般适用于只有少量页面的小型、微型站点。

(2)树型物理结构。

树型物理结构是在网站根目录下再建立 2~3 层甚至更多层级子目录,用于保存不同级别的网页及其元素。采用树型物理结构的好处是维护容易,但是搜索引擎的抓取将会显得相对困难。互联网上的网站,因为内容普遍比较丰富,所以大多都是采用树型物理结构。物理结构不应十分复杂,层次也不应太多,应根据网站文件的功能、地位和大致的逻辑结构来建立树型物理结构。建议不要将所有文件都放在根目录下,可以以栏目内容建立子目录,在每个主目录建立独立的目录,目录的层次不要太多,全局的资源应该放在根目录的目录中。

随着网页技术的不断发展,利用数据库或者其他后台程序自动生成网页的技术越来越普遍,网站的物理结构也将发生新的变化。

2．逻辑结构

网站的逻辑结构与其物理结构不同,网站的逻辑结构主要是指由网页之间链接所形成的拓扑结构,又称为链接结构。逻辑结构和物理结构的区别在于,逻辑结构由网站页面的相互链接关系决定,而物理结构由网站页面的物理存放地址决定。

网站的逻辑结构的作用主要体现在:

(1)网站逻辑结构在决定页面重要性(即页面权重)方面起着非常关键的作用。

(2)网站逻辑结构是衡量网站用户体验及其质量的重要指标之一。清晰的逻辑结构可以帮助用户快速获取所需信息。相反,如果一个网站的逻辑结构很乱,用户在访问时就犹如走进了一座迷宫,最后只会选择放弃浏览。

（3）网站逻辑结构直接影响搜索引擎对页面的收录，一个合理的逻辑结构可以引导搜索引擎从中抓取更多有价值的页面。

在网站的逻辑结构中，通常采用"链接深度"来描述页面之间的逻辑关系。"链接深度"指从源页面到达目标页面所经过的路径数量，比如某网站的网页 A 中存在一个指向目标页面 B 的链接，则从页面 A 到页面 B 的链接深度就是 1。

和物理结构类似，网站的逻辑结构同样可以分为扁平式逻辑结构和树型逻辑结构两种。

（1）扁平式逻辑结构。

扁平式逻辑结构又称为星状逻辑结构，扁平式逻辑结构的网站实际上就是网站中任意两个页面之间都可以相互连接，也就是说，网站中任意一个页面都包含其他所有页面的链接，网页之间的链接深度都是 1。网络上，很少有单纯采用扁平式逻辑结构作为整站结构的网站。

（2）树型逻辑结构。

树型逻辑结构是主页链接指向一级页面，一级页面链接指向二级页面，这种结构看起来就像一棵树，浏览时一级一级地进入，一级一级地退出，其优点是条理清晰，访问者明确知道自己在什么位置，不会"迷路"。缺点是浏览效率低。

在树型逻辑结构网站中，链接深度大多大于 1。网站设计中有一个非常著名的原则，那就是"三次单击"，即网站的任何信息都应该在最多三次单击后找到。因为网站若结构层次太多，这样会使有价值的信息被埋在层层的链接之后，很少有访问者会有足够的耐心去找到它，通常他们会在三次单击之后放弃。当然，如果网站规模庞大（有成千上万的网页），那么它的结构层次一般不会很浅。这种情况下，一方面要尽量压缩网站的结构层次，另一方面可以通过提供网站结构图的方式来帮助访问者尽快找到所需要的信息。

在实际的网站设计中，总是将这扁平式和树型两种结构混合使用，既希望访问者迅速到达需要的页面，又可以清晰地知道自己的位置。所以，最好的办法是首页和一级页面之间采用扁平式结构，一级和二级页面之间采用树型结构。

2.3.4　网站形象设计

一个杰出的网站，和实体公司一样，也需要整体的形象包装和设计。所谓网站形象，是借用广告术语"企业形象"而来的，企业形象（Corporate Identity，CI）是通过视觉来统一企业的形象。就网站而言，准确的、有创意的 CI 设计对网站的宣传推广有事半功倍的效果。在网站主题和名称定下来之后，需要考虑的就是网站的 CI 形象。

网站的整体风格和创意设计对网站的形象有较大影响，而风格和创意没有固定的格式来参考和模仿。网站的形象设计主要包括以下几方面：

1. 网站的标志（Logo）设计

如同商品的商标一样，网站标志是站点特色和内涵的集中体现，看见 Logo 就能联想到这个网站。

网站的标志可以是中文、英文字母，也可以是符号、图案，还可以是动物或者人物等。标志的设计创意来自网站的名称和内容。常用的方法主要有：

（1）用有代表性的人物、动物、花草作为设计的蓝本，加以卡通化和艺术化，例如迪斯尼的米老鼠、搜狐的卡通狐狸、鲨威体坛的篮球鲨鱼等。

（2）以本专业有代表性的物品作为标志。比如中国银行的铜板标志、奔驰汽车的方向盘标志。

（3）用自己网站的英文名称作标志。采用不同的字体、字母的变形、字母的组合可以很容易制作好自己的标志。

2．网站的标准色彩设计

网站给人的第一印象来自视觉冲击，确定网站的标准色彩是相当重要的一步。不同的色彩搭配产生不同的效果，并可能影响到访问者的情绪。

"标准色彩"是指能体现网站形象和延伸内涵的色彩。如 IBM 的深蓝色、肯德基的红色条型、Windows 视窗标志上的红蓝黄绿色块都显得很贴切，很和谐。一般来说，一个网站的标准色彩不超过三种，太多则让人眼花缭乱。标准色彩要用于网站的标志、标题、主菜单和主色块等，给人以整体统一的感觉。至于其他色彩也可以使用，只是作为点缀和衬托，绝不能喧宾夺主。

一般来说，适合于网页标准色的颜色有蓝色、黄/橙色、黑/灰/白色三大系列色。

3．网站的标准字体设计

网站的标准字体是指用于标志、标题、主菜单的特有字体。一般网页默认的字体是宋体。为了体现站点的"与众不同"和特有风格，可以根据需要选择一些特别字体。例如，为了体现专业可以使用粗仿宋体，体现设计精美可以用广告体，体现亲切随意可以用手写体等。可以根据自己网站所表达的内涵，选择更贴切的字体。目前常见的中文字体有二三十种，常见的英文字体有近百种，还可以从网络上下载专用英文艺术字体。

需要说明的是，使用非默认字体最好处理成图片的形式，因为浏览者的计算机中可能没有安装该特别字体。

4．网站的宣传标语设计

网站的宣传标语是网站的精神和目标体现，可以用一句话甚至一个词来高度概括，类似实际生活中的广告金句。比如麦斯威尔的"好东西和好朋友一起分享"。

综上所述，网站的标志、色彩、字体和标语是一个网站树立 CI 形象的关键，确切的说是网站的表面文章，设计并完成这几步，网站的整体形象就能够充分体现出来。

2.3.5　网页设计技术规范

随着网页设计技术的发展，丰富多彩的网页越来越多地出现在网上，但是，网页的浏览和下载速度却受到网络带宽和通信线路等因素的制约。网页设计者应该为上网用户着想，网页的内容要受益于用户，下载速度也是用户最关心的。在网站的开发设计过程中，从管理的角度考虑，应该遵循一定的设计技术规范，主要有以下几方面：

1．目录结构设计技术规范

目录建立的原则：以最少的层次提供最清晰简便的访问结构。

（1）目录的命名由小写英文字母、下划线组成。

（2）根目录一般只存放 index.htm 及其他必需的系统文件。

（3）每个主要栏目开设一个相应的独立目录。

（4）根目录下的 images 用于存放各页面都要使用的公用图片文件，子目录下的 images 目录存放本栏目页面使用的私有图片文件。

（5）所有 JSP、ASP 和 PHP 等脚本文件存放在根目录下的 scripts 目录。

（6）所有 CGI 程序文件存放在根目录下的 cgi-bin 目录。

（7）所有 CSS 文件存放在根目录下的 style 目录。

（8）每个语言版本存放于独立的目录中。例如，简体中文版存放于目录 gb 中。

（9）所有 Flash、AVI、Ram 和 Quicktime 等多媒体文件存放在根目录下的 media 目录。

2．文件命名设计技术规范

网站文件命名的原则：以最少的字母达到最容易理解的意义的目标。

1）一般文件及目录命名规范

（1）每一个目录中应该包含一个缺省的 HTML 文件，文件名统一用 index.html。

（2）文件名称统一用小写的英文字母、数字和下划线的组合。

（3）尽量以单词的英语翻译为名称，如 feedback（信息反馈）、aboutus（关于我们）。

（4）多个同类型文件使用英文字母加数字命名，字母和数字之间用下划线"_"分隔，如 news_01.htm、news_02.htm 等。注意，数字位数与文件个数成正比，不够的用 0 补齐。例如共有 200 条新闻，其中第 10 条命名为 news_010.htm。

2）图片的命名规范

（1）名称分为头和尾两部分，用下划线"_"隔开。

（2）头部分表示此图片的大类性质。例如：

① 放置在页面顶部的广告、装饰图案等长方形的图片取名为 banner。

② 标志性的图片取名为 logo。

③ 在页面上位置不固定并且带有链接的小图片取名为 button。

④ 在页面上某一个位置连续出现，性质相同的链接栏目的图片取名为 menu。

⑤ 装饰用的照片取名为 pic。

⑥ 不带链接表示标题的图片取名为 title，依照此原则类推。

（3）尾部分用来表示图片的具体含义，用英文字母表示。例如 banner_hbun.gif、banner_cdpc.gif、menu_news.gif、menu_work.gif、title_maths.gif、logo_office.gif、logo_home.gif、pic_pig.jpg 和 pic_cat.jpg 等。

（4）有 onmouse 效果的图片，两张分别在原有文件名后、扩展名前加_on 和_off。

3）其他文件命名规范

（1）js 的命名原则以相应功能的英语单词为名。例如，广告条的 js 文件名为 ad.js。

（2）所有的 CGI 文件后缀为 cgi。

（3）所有 CGI 程序的配置文件为 config.cgi。

3. 页面设计技术规范

要想把网页设计的精彩，内容必定要丰富，但不能把所有内容全都放在一个页面上，应该控制页面的总规模。网页尺寸分为网页页面尺寸和网页中分割区域的尺寸两种。网页中分割区域的尺寸可以根据整体布局，在页面尺寸范围内进行分配，达到协调合理的目标。网页页面尺寸一般的设计规范如下：

（1）网站的页面分辨率要保证页面在 1024×768 分辨率下没有横向滚动条，所以页面标准按 800×600 分辨率制作，推荐尺寸为 766×430px。

（2）页面长度原则上不超过三屏，宽度不超过一屏。

（3）每个标准页面为 A4 幅面大小，即 21×29.7cm。

（4）全尺寸 banner（图标）为 468×60px，半尺寸 banner 为 234×60px，小 banner 为 88×31px，另外 120×90、120×60 也是小图标的标准尺寸，每个非首页静态页面含图片字节不超过 60KB，全尺寸 banner 不超过 14KB。

4. 网页布局

网页中各主要栏目之间要求使用一致的布局，包括一致的页面元素，一致的导航形式，使用相同的按钮，相同的顺序，子页可跟首页有所变化。

5. 形象设计规范

网站的 CI 整体形象包括下面几个要素：

1）标志（logo）

（1）网站必须有独立的标志。

（2）标志可以以网站中英文名称设计，也可以采用特别的图案，原则是简单易记。

（3）标志必须可以用黑白和彩色分别清晰表现。

（4）标志图片的名称为"logo_域名.gif"，如 logo_sina.gif。

（5）尽量提供标志的矢量图片。

（6）请尽可能在每个页面上都使用标志。

2）标准色

（1）网站应该有自己的标准色（主体色）。

（2）标准色原则上不超过两种，如果有两种，其中一种为标准色，另一种为标准辅助色。

（3）标准色应尽量采用 216 种 Web 安全色之内的色彩。

（4）必须提供标准色确切的 RGB 和 CMYK 数值。

（5）请尽可能使用标准色。

3）标准字体

（1）网站应该定义一种标准字体（指 Logo 或图片上使用的字体）。

（2）标准字体原则上定义两种，一种中文字体，一种英文字体（不包括文本内容字体）。

（3）必须提供标准字体的名称和字库。

（4）请尽可能使用标准字体。

6. 表格设计技术规范

网页中应尽可能避免使用大型表格,因为浏览器必须等待整个表格的内容全部下载到客户端,才能显示这个表格的内容,而文本和图像则是边下载边显示。如果页面中必须使用表格,可将大表格分解成若干个小表格,浏览器下载后面的表格时,客户可以阅读已经下载完的前一个表格。这样做是为了使等待下载时间和浏览信息时间并行,提高网络的利用率。

7. 图像设计技术规范

图像设计是 Internet 的真正魅力所在。图像在网页中起两个作用。一是装饰作用。可以想象,如果网页做的像风景图画,访问者一定会流连忘返。二是表达作用。图像的信息量非常大,它可以非常直观地表达所要表达的内容。正是由于具有这些优点,图像很受人们的欢迎。当一个公司需要创立自己的形象时,不妨在公司的主页上加入一些有代表性的图像;当企业要在网上推广自己的产品时,也不妨在网页上放几幅产品的照片;当需要在网上表现个人形象时,也不妨将自己的照片放在网页上。

使用图像不但可以增加视觉效果、提供更多信息、丰富文字的内容,而且可以将文本内容分为更易操作的小块,更重要的是能够体现出网站的特色。

图像的使用一般的设计规范如下:

1) 选择合适的格式

计算机图形图像技术发展到现在,已经十分成熟,常见的图像文件格式多达十几种,如GIF、JPEG、BMP、EPS、PCX、PNG、FAS、TGA、TIF 和 WMF 等,现在的 IE(Internet Explorer)和 NN(Netscape Navigator)浏览器支持的,其中最为常用的图像格式有 GIF、JPEG 和 PNG 三种。

(1) GIF 图像。

GIF(Graphics Interchange Format,图像互换格式)是 CompuServe 公司在 1987 年开发的图像文件格式。GIF 文件的数据是一种基于 LZW 算法的连续色调的无损压缩格式。其压缩率一般在 50% 左右,它不属于任何应用程序。目前几乎所有相关软件都支持 GIF,公共领域有大量的软件在使用 GIF 图像文件。GIF 图像文件的数据是经过压缩的,而且是采用了可变长度等压缩算法。所以 GIF 的图像颜色深度从 1 位到 8 位,即 GIF 最多支持 256种色彩的图像。在一个 GIF 文件中可以存储多幅彩色图像,如果把存于一个文件中的多幅图像数据逐幅读出并显示到屏幕上,就可构成一种最简单的动画。

GIF 图像特点:体积小,有着极好的压缩效果;支持动画效果;支持透明效果。

(2) JPEG 图像。

JPEG(Joint Photographic Experts Group,联合图像专家小组)是第一个国际图像压缩标准。JPEG 图像压缩算法能够在提供良好的压缩性能的同时具有比较好的重建质量,被广泛应用于图像、视频处理领域。

JPEG 格式压缩的主要是高频信息,对色彩的信息保留较好,适合应用于互联网,可减少图像的传输时间,可以支持 24 位真彩色,所以常用 JPEG 图像来存储色彩较多的画面和摄影照片等,也普遍应用于需要连续色调的图像。

JPEG 图像特点:体积小,下载速度快;不支持动画及透明效果。

（3）PNG 图像。

PNG（Portable Network Graphic Format，流式网络图形格式）是一种位图文件存储格式。PNG 用来存储灰度图像时，灰度图像的深度可多到 16 位；存储彩色图像时，彩色图像的深度可多到 48 位，并且还可存储多到 16 位的 α 通道数据。PNG 使用从 LZ77 派生的无损数据压缩算法。

PNG 图像特点：清晰，无损压缩，压缩比率很高，可渐变透明，具备几乎所有 GIF 图像的优点，是公认的最适合网页使用的图片格式。缺点是不如 JPG 图像的颜色丰富，同样的图片体积也比 JPG 略大。

2）设置合适的存储位置

将不同层次级别的图像存放在不同层次的 images 目录中。

3）对大型图像的处理

当页面必须使用大型图像时，有两种处理方案：

（1）建立一个缩略图图像并置于主页中，将它链接到原始的大型图像。

（2）先创建一个同原始图像一样大小但降低了色彩和分辨率的图像文件，使用低源标记，让该图像文件首先下载。这种方法的优点是使客户不需下载大型图像文件，就能快速地了解到图像的大概内容。

4）减少使用图像的数量

网页中不要使用太多的图像文件。在页面中尽量少使用图片，只在必要的情况下使用图片，图片大小最好不要超过 8KB。图像文件的数量和大小对页面的下载时间影响极大，因为每下载一个图像文件，浏览器都向 Web 服务器请求一次连接，所以图像文件越多，就意味着页面下载的时间越长。可以尝试用一个图像代替多个分散的小图像（如多个按钮等），从而尽可能地减少图像文件数量，保证页面快速下载。

5）标记图像的大小

在 HTML 代码中，最好标记出图像的显示高度（Height）和宽度（Width），在下载页面时，浏览器会按这个高度和宽度留出图像的位置，在图像下载完毕之前，及时地显示其周围的文字内容。否则，让浏览器按图像本身的高度和宽度显示，那么只能等待图像全部下载完毕后，才显示图像及其周围的其他文字信息，无疑会造成用户的等待。

6）重用图像

如果多次使用同一个图像文件，客户端浏览器的 Cache 对此有所帮助。浏览器将从它的 Cache 中找出先前下载的那个图像文件并调入显示，而无需再从 Web 站点上下载（即使它们不在同一页面中），这样调入图像就不受带宽的约束。因此各页面的背景图案可使用同一个图像文件，既统一了页面的风格，又可节省图像下载的时间。如果再次调入的图像文件只有尺寸有点变化，那么使用图像高度和宽度标记（Tags）即可改变图像的大小。

从技术上讲，增大浏览器的 Cache 可提高浏览的速度，但是，事实并非如此。有时，清除 Cache 中的内容后下载的速度还会快一些。原因是每次下载页面文本或图像时，浏览器总要到 Cache 中去搜索相应的页面或图像，这样 Cache 中的内容越多，搜索的时间就越长，如果比下载更费时，那么这时应该及时清除 Cache 中的内容。

8. 少用背景音乐

虽然目前版本的 HTML 语言具有在网页中加入背景音乐的功能,但无疑背景音乐会降低网页下载到客户端的速度,除非正在创建一个有关音乐的网站,否则只会给人以华而不实的感觉。如果非要加入背景音乐,那么音乐文件最好使用 MIDI 格式,而不用 WAV 格式。

9. 首页代码规范

首页的代码关键在 head 区,head 区是指首页 HTML 代码的<head>和</head>之间的内容。

1) head 区必须加入的标识

(1) 公司版权注释:<! -- The site is designed by yourcompany,Inc 03/2001 -->

(2) 网页显示字符集,例如:

简体中文:< META HTTP-EQUIV = " Content-Type " CONTENT = " text/html; charset=gb2312">

繁体中文:< META HTTP-EQUIV = " Content-Type " CONTENT = " text/html; charset=BIG5">

英语:< META HTTP-EQUIV = " Content-Type " CONTENT = " text/html; charset= iso-8859-1">

(3) 原始制作者信息:< META name = " author " content = " webmaster@ yoursite. com">

(4) 网站简介:<META NAME="DESCRIPTION" CONTENT="这里填您网站的简介">

(5) 搜索关键字:<META NAME="keywords" CONTENT="关键字 1,关键字 2,关键字 3,…">

(6) 网页的 CSS 规范:<LINK href = " style/style. css" rel = " stylesheet" type = "text/css">

(7) 网页标题:<title>这里是你的网页标题</title>

2) head 区可以选择加入的标识

(1) 设定网页的到期时间。一旦网页过期,必须到服务器上重新调阅:

```
< META HTTP - EQUIV = "expires" CONTENT = "Wed, 26 Feb 1997 08:21:57 GMT">
```

(2) 禁止浏览器从本地机的缓存中调阅页面内容:

```
< META HTTP - EQUIV = "Pragma" CONTENT = "no - cache">
```

(3) 用来防止别人在框架里调用自己的页面:

```
< META HTTP - EQUIV = "Window - target" CONTENT = "_top">
```

(4) 自动跳转:

```
< META HTTP - EQUIV = "Refresh" CONTENT = "5;URL = http://www.68design.net">
```

其中,5 是指时间停留 5s。

(5) 网页搜索机器人向导：用来告诉搜索机器人哪些页面需要索引,哪些页面不需要索引。

```
< META NAME = "robots" CONTENT = "none">
```

其中,CONTENT 的参数有 all、none、index、noindex、follow 和 nofollow。默认是 all。

(6) 收藏夹图标：

```
< LINK rel = "Shortcut Icon" href = "favicon.ico">
```

10. JS 调用和编码规范

所有的 JavaScript 脚本尽量采取外部调用：

```
< SCRIPT LANGUAGE = "JavaScript" SRC = "script/xxxxx.js"></SCRIPT>
```

JS 编码规范如下：

(1) 尽量采用轻量级的 JS 框架,如 ProtoType、jQuery 及 MooTools 等,推荐使用 jQuery。

(2) JS 文件一律采用 UTF-8 编码,避免出现编码不一致的问题。

(3) JavaScript 程序尽量保存在后缀名为 js 的文件中,以方便缓存及压缩。

(4) JS 文件导入的标签应尽量放到 body 的后面。这样可以减少因为载入 script 而造成其他页面内容载入而被延迟的问题。

(5) 缩进的单位为 4 个空格或一个 Tab 键长度。

(6) 所有的变量必须在使用前进行声明,将 var 语句放在函数的首部。最好把每个变量的声明语句单独放到一行,并加上注释说明。所有变量按照字母排序。JavaScript 没有块作用域,只有函数级的作用域,所以在块里定义变量很容易引起 C/C++/Java 程序员们的误解。在函数的首部定义所有的变量。尽量减少全局变量的使用,不要让局部变量覆盖全局变量。

(7) 变量名应由 26 个大小写字母(A～Z,a～z),10 个数字(0～9)和下划线组成。不要在命名中使用美元符号($)或者反斜杠(\)。不要把下划线作为变量名的开头,它有时用来表示私有变量,但实际上 JavaScript 并没提供私有变量的功能。如果私有变量很重要,那么使用私有成员的形式。应避免使用这种容易让人误解的命名习惯。

(8) 函数名与左括号之间不应该有空格。右括号与开始程序体的左大括号之间应插入一个空格。函数程序体应缩进 4 个空格或 1 个 Tab 键长度。右大括号与声明函数的那一行代码头部对齐。如果函数是匿名函数,则在 function 和左括号之间应有一个空格。

(9) 变量名和方法名应以小写字母开头,与 JS 本身的命名一致。

(10) 尽量使用{}代替 new Object(),使用[]代替 new Array()。

(11) eval 是 JavaScript 中最容易被滥用的方法,避免使用它。

(12) 不要使用 Function 构造器。

(13) 不要给 setTimeout 或者 setInterval 传递字符串参数。

11．CSS 推荐模板

```
<style type="text/css">
<!--
p { text-indent: 2em; }
body { font-family: "宋体"; font-size: 9pt; color: #000000; margin-top: 0px; margin-right: 0px; margin-bottom: 0px; margin-left: 0px}
table { font-family: "宋体"; font-size: 9pt; line-height: 20px; color: #000000}
a:link { font-size: 9pt; color: #0000FF; text-decoration: none}
a:visited { font-size: 9pt; color: #990099; text-decoration: none}
a:hover { font-size: 9pt; color: #FF9900; text-decoration: none}
a:active { font-size: 9pt; color: #FF9900; text-decoration: none}
a.1:link { font-size: 9pt; color: #3366cc; text-decoration: none}
a.1:visited { font-size: 9pt; color: #3366cc; text-decoration: none}
a.1:hover { font-size: 9pt; color: #FF9900; text-decoration: none}
a.1:active { font-size: 9pt; color: #FF9900; text-decoration: none}
.blue { font-family: "宋体"; font-size: 10.5pt; line-height: 20px; color: #0099FF; letter-spacing: 5em}
-->
</style>
```

body 标识

为了保证浏览器的兼容性，必须设置页面背景<body bgcolor="#FFFFFF">。

12．内容编辑规范

1）网页内容

网页内容必须遵守我国《计算机信息网络国际联网安全保护管理办法》的规定，任何单位和个人不得利用国际联网制作、复制、查阅和传播下列信息：

（1）煽动抗拒、破坏宪法和法律、行政法规实施的。

（2）煽动颠覆国家政权，推翻社会主义制度的。

（3）煽动分裂国家、破坏国家统一的。

（4）煽动民族仇恨、民族歧视，破坏民族团结的。

（5）捏造或者歪曲事实，散布谣言，扰乱社会秩序的。

（6）宣扬封建迷信、淫秽、色情、赌博、暴力、凶杀、恐怖，教唆犯罪的。

（7）公然侮辱他人或者捏造事实诽谤他人的。

（8）损害国家机关信誉的。

（9）其他违反宪法和法律、行政法规的。

网页内容是转载的，必须找到原出处，经联系后才能使用。

2）标题

标题力求简短、醒目、新颖、吸引人。

3）正文

（1）文章的段首空两格，与传统格式保持一致。

（2）段与段之间空一行可以使文章更清晰易看。

（3）杜绝错字、别字和自造字。

（4）简体版中不得夹杂繁体字。

（5）译名要规范。例如,singapore 统一翻译为"新加坡",不能用"星加坡"。

（6）全角数字符号(不含标点)应改为半角。

13．新技术使用规范

（1）使用新技术原则是兼容浏览器,保证下载速度,照顾最多数的用户。

（2）cookie 用于识别、跟踪和支持访问者,通过 cookie 可以了解用户的访问路径,收集和存储用户的喜好,但要考虑到用户关闭 cookie 的情况处理,非要用 cookie,应提供全面的解决办法。

（3）Java 是一种跨平台的面向对象的编程语言,它在 Web 中的应用主要是 Java Applet,但是 Java Applet 的下载速度较慢,谨慎使用。

（4）在服务器端最好打开 SSI 解析,但不要使用过多的 SSI 嵌套。不能使用 SSI 时,可以用 include Library(包含库文件)代替,效果要差一些。

（5）Flash 已经是较普遍的技术,推荐使用。

（6）新网页制作建议采用 XHTML 规范,便于未来和 XML 接轨。

（7）XML 系列技术可以在服务器端使用,客户端暂时不推荐使用。

（8）非特殊要求,不推荐在网页上提供需要下载额外插件的多媒体技术。

（9）程序语言推荐使用 PHP、JSP 和 Java 等跨平台语言,不推荐 CGI、ASP 技术。

14．导航规范

（1）导航要简单、清晰,建议不超过三层的链接。

（2）用于导航的文字要简明扼要,字数限制在一行以内。

（3）首页、各栏目一级页面之间互链,各栏目一级和本栏目二级页面之间互链。

（4）超过三级页面,在页面顶部设置导航条,标明位置。

（5）突出最近更新的信息,可以加上更新时间或 New 标识。

（6）连续性页面应加入上一页,下一页按钮。

（7）超过一屏的内容,在底部应有 go top 按钮。

（8）超过三屏的内容,应在头部设提纲,直接链接到文内锚点。

15．数据库使用规范

（1）服务器上有关数据库的一切操作只能由服务器管理人员进行。

（2）程序中访问数据库时使用统一的用户、统一的连接文件访问数据库。

（3）原则上每一个栏目只能建一个库,库名与各栏目的英文名称相一致,库中再包含若干表。比较大的、重点的栏目可以考虑单独建库,库名与栏目的英文名称相一致。

（4）数据库、表、字段、索引、视图等一系列与数据库相关的名称必须全部使用与内容相关的英文单词命名,对于一个单词难以表达的,可以考虑用多个单词加下划线(_)连接(不能超过 4 个单词)命名(参见命名规范)。

（5）不再使用的数据库、表应删除,在删除之前必须备份(包括结构和内容)。

总之,网页设计者应该遵守上述数据库使用规范,对自己的页面精雕细刻,以提高网页下载的速度和使用效率。

第3章

网站平台建设

网站系统平台包括硬件平台和软件平台。硬件平台是 Web 网站的存储载体,可以是专用的 Web 服务器,也可以是虚拟主机。网站软件平台是构建网站所必需的软件系统,包括服务器操作系统、数据库管理系统和网站信息管理系统等。设计网站系统时,根据应用的需要选择合适的网站硬件平台和软件平台是十分必要的,而正确安装和配置好 Web 服务器软件是保障网站正常运行的基本前提。

3.1 网站硬件平台建设

网站的硬件平台指的是承载网站服务的服务器。网站硬件平台的选择很大程度上决定了网站能够提供服务的能力和稳定性。所以选择硬件平台之前可以根据网站的规划目标预测一下访问者的流量,以及考虑所选择的软件平台的系统负荷,合理选择硬件平台。

目前可供选择的硬件平台方式主要有专用服务器、服务器托管和虚拟主机等。

3.1.1 专用服务器

服务器也称为伺服器(Server),是网络环境中的高性能计算机,它侦听网络上的其他计算机(客户端)提交的服务请求,管理网络资源并提供相应的服务,为此,服务器必须具有承担服务并且保障服务的能力。服务器通常分为文件服务器、数据库服务器和应用程序服务器等。

它的高性能主要体现在高速度的运算能力、长时间的可靠运行、强大的外部数据吞吐能力等方面。服务器的构成与微型机基本相似,有处理器、硬盘、内存和系统总线等,它们是针对具体的网络应用特别制定的,因而服务器与微型机在处理能力、稳定性、可靠性、安全性、可扩展性和可管理性等方面存在很大差异。

服务器是网站的灵魂,是打开网站的必要载体,没有服务器的网站用户无法浏览。

1. 服务器分类

服务器的分类方法很多,主要按体系结构、应用层次、机箱结构和品牌等进行分类。

1) 按体系架构划分

按体系架构划分,服务器主要可分为非 x86 服务器和 x86 服务器。

(1) 非 x86 服务器。

非 x86 服务器包括大型机、小型机和 UNIX 服务器，它们是 RISC(Reduced Instruction Set Computer，精简指令集计算机)架构服务器。

精简指令集处理器主要有 IBM 公司的 POWER 和 PowerPC 处理器，SUN 与富士通公司合作研发的 SPARC 处理器、Intel 研发的安腾处理器等。这类服务器价格昂贵、体系封闭，但是稳定性好，性能强，主要用在金融、电信等大型企业的核心系统中。

(2) x86 服务器。

x86 服务器又称为 CISC(Complex Instruction Set Computer，复杂指令集计算机)架构服务器，即通常所讲的 PC 服务器，它是基于 PC 体系结构，使用 Intel 或其他兼容 x86 指令集的处理器芯片和 Windows 操作系统的服务器。这类服务器价格便宜、兼容性好、稳定性较差、安全性较高，主要用在中小企业和非关键业务中。

2) 按应用层次划分

按应用层次划分通常也称为"按服务器档次划分"或"按网络规模"划分，是服务器最为普遍的一种划分方法，主要是根据服务器在网络中的应用层次来划分的。服务器可分为入门级服务器、工作组级服务器、部门级服务器和企业级服务器等。

(1) 入门级服务器。

这类服务器是最基础的一类服务器，也是最低档的服务器。随着 PC 技术的日益提高，许多入门级服务器与 PC 的配置差不多，所以也有部分人认为入门级服务器与"PC 服务器"等同。这类服务器所包含的服务器特性并不是很多，通常只具备以下几方面：

① 有一些基本硬件的冗余，如硬盘、电源和风扇等，但不是必须的。

② 通常采用 SCSI 接口硬盘，也有采用 SATA 串行接口的。

③ 部分部件支持热插拔，如硬盘和内存等，这些也不是必须的。

④ 通常只有一个 CPU，但不绝对。

⑤ 内存容量最大支持 16GB。

这类服务器主要采用 Windows 或者 Netware 网络操作系统，可以充分满足办公室型的中小型网络用户的文件共享、数据处理、Internet 接入及简单数据库应用的需求。这种服务器与一般的 PC 很相似，有很多小型公司干脆就用一台高性能的品牌 PC 作为服务器，所以这种服务器无论在性能上，还是在价格上都与一台高性能品牌机相差无几。

入门级服务器所连的终端比较有限(通常为 20 台左右)，况且稳定性、可扩展性及容错冗余性能较差，仅适用于没有大型数据库数据交换、日常工作网络流量不大，无需长期不间断开机的小型企业。

(2) 工作组服务器。

工作组服务器是一个比入门级高一个层次的服务器，但仍属于低档服务器之类。从这个名字也可以看出，它只能连接一个工作组(50 台左右)的用户，网络规模较小，服务器的稳定性也不是很高。

工作组服务器具有以下几方面的主要特点：

① 通常仅支持单或双 CPU 结构的应用服务器，但也不是绝对的，如 SUN 公司的工作组服务器就能支持多达 4 个处理器的，当然这种类型的服务器价格也较高。

② 可支持大容量的 ECC(Error Correcting Code，错误检查和纠正)内存和增强服务器

管理功能的 SM(System Management,系统管理)总线。

③ 功能较全面、可管理性强,且易于维护。

④ 采用 Intel 服务器 CPU 和 Windows/Netware 网络操作系统,但也有一部分是采用 UNIX 系列操作系统的。

⑤ 可以满足中小型网络用户的数据处理、文件共享、Internet 接入及简单数据库应用的需求。

工作组服务器较入门级服务器来说性能有所提高,功能有所增强,有一定的可扩展性,但容错和冗余性能仍不完善,也不能满足大型数据库系统的应用,而且价格也比前者高,一般相当于 2~3 台高性能的品牌机总价。

(3) 部门级服务器。

这类服务器属于中档服务器之列,一般都是支持双 CPU 以上的对称处理器结构,具备比较完全的硬件配置,如磁盘阵列、存储托架等。部门级服务器的最大特点就是除了具有工作组服务器的全部服务器特点外,还集成了大量的监测及管理电路,具有全面的服务器管理能力,可监测如温度、电压、风扇和机箱等状态参数,结合标准服务器管理软件,使管理人员及时了解服务器的工作状况。同时,大多数部门级服务器具有优良的系统扩展性,能够满足用户在业务量迅速增大时能够及时在线升级系统,充分保护了用户的权益。它是企业网络中分散的各基层数据采集单位与最高层的数据中心保持顺利连通的必要环节,一般为中型企业的首选,也可用于金融、邮电等行业。

部门级服务器一般采用 IBM、SUN 和 HP 各自开发的 CPU 芯片,这类芯片一般是 RISC 结构,所采用的操作系统一般是 UNIX 系列操作系统,Linux 也在部门级服务器中得到了广泛应用。

部门级服务器可连接 100 个左右的计算机用户,适用于对处理速度和系统可靠性要求高一些的中小型企业网络,其硬件配置相对较高,可靠性比工作组级服务器要高一些,当然其价格也较高(通常为 5 台左右高性能 PC 价格总和)。由于这类服务器需要安装比较多的部件,因此机箱通常较大,一般采用机柜式的。

(4) 企业级服务器。

企业级服务器属于高档服务器行列,最起码是采用 4 个以上 CPU 的对称处理器结构,有的高达几十个。一般还具有独立的双 PCI 通道和内存扩展板设计,具有高内存带宽、大容量热插拔硬盘和热插拔电源、超强的数据处理能力和群集性能等。这种企业级服务器的机箱就更大了,一般为机柜式的,有的还由几个机柜组成。企业级服务器产品除了具有部门级服务器的全部服务器特性外,最大的特点就是它还具有高度的容错能力、优良的扩展性能、故障预报警功能、在线诊断和 RAM、PCI、CPU 等热插拔性能。有的企业级服务器还引入了大型计算机的许多优良特性。这类服务器所采用的芯片也都是几大服务器开发、生产厂商自己开发的独有 CPU 芯片,所采用的操作系统一般也是 UNIX 或 Linux。

企业级服务器适合运行在需要处理大量数据、高处理速度和对可靠性要求极高的金融、证券、交通、邮电、通信或大型企业。企业级服务器用于联网计算机在数百台以上、对处理速度和数据安全要求非常高的大型网络。企业级服务器的硬件配置最高,系统可靠性也最强。

服务器中配置固态硬盘已经是一个普遍的选择。固态硬盘可以帮助用户解决服务器性能的瓶颈。固态硬盘可以让高速存储更加接近处理器,并将共享存储网络这个潜在的瓶颈剔除掉。目前有三种固态硬盘的形式,即硬盘驱动型 SSD(Solid State Drive,固态硬盘)、SSD DIMM(Dual-Inline-Memory-Modules,双列直插式存储模块)和 PCIs SSD。

企业级服务器的首选是 SSD 存储器,那是因为闪存存储访问减轻了 HDD RAID 引擎的负载,因此重建时间缩短,但是并非所有 SSD 设备都能保持企业级性能。其性能可能会在使用数小时后突然降低,即"写陡降"。因此多数企业级服务器用户,如百度、阿里巴巴、腾讯和奇虎等都会选择类似于 LSI Nytro MegaRAID 系列卡等加速卡用以提供持续的性能,而采用的 LSI SandForce 闪存处理器管理的板载闪存存储器能提供企业级的性能和可靠性,而且其延迟性能比 SAS 接口的 SSD 更具一致性。

3) 按机箱结构划分

按服务器的机箱结构来划分,可以把服务器划分为台式服务器、机架式服务器、机柜式服务器和刀片式服务器 4 类。

(1) 台式服务器。

台式服务器也称为"塔式服务器"。有的台式服务器采用大小与普通立式计算机大致相当的机箱,有的采用大容量的机箱。低档服务器由于功能较弱,整个服务器的内部结构比较简单,所以机箱不大,都采用台式机箱结构,如图 3-1 所示。

图 3-1　台式服务器

台式服务器的优点:台式服务器的外形及结构都与立式 PC 差不多,由于服务器的主板扩展性较强、插槽也较多,因此体积比普通主板大一些,因此台式服务器的主机机箱也比标准的 ATX 机箱要大,一般都会预留足够的内部空间以便日后进行硬盘和电源的冗余扩展。

台式服务器的缺点:目前常见的入门级和工作组级服务器基本上都采用这一服务器结构类型,不过由于只有一台主机,即使进行升级也是有限的,因此在一些应用需求较高的企业中,单个服务器就无法满足要求了,需要多机协同工作,而台式服务器个头太大,独立性太强,协同工作在空间占用和系统管理上都不方便,这也是台式服务器的局限性。

总的来说,这类服务器的功能、性能基本上能满足大部分企业用户的要求,其成本通常也比较低,因此这类服务器拥有非常广泛的应用支持,在整个服务器市场中占有相当大的份额。

(2) 机架式服务器。

机架式服务器的外形看起来不像计算机,而像交换机,有 1U(1U=1.75 英寸)、2U 和4U 等规格。机架式服务器安装在标准的 19 英寸机柜里面。这种结构的多为功能型服务器,如图 3-2 所示。

机架式服务器的优点:作为为互联网设计的服务器模式,机架式服务器是一种外观按照统一标准设计的服务器,配合机柜统一使用。可以说机架式是一种优化结构的台式服务

图 3-2 机架式服务器

器,它的设计宗旨主要是为了尽可能减少服务器空间的占用,而减少空间的直接好处就是在机房托管的时候价格会便宜很多。

很多专业网络设备都是采用机架式的结构(多为扁平式,就像个抽屉),如交换机、路由器、硬件防火墙等。机架服务器的宽度为 19 英寸,高度以 U 为单位(1U=1.75 英寸=44.45mm),通常有 1U、2U、3U、4U、5U 和 7U 等几种标准的服务器。机柜的尺寸也是采用通用的工业标准,通常从 22~42U 不等。机柜内按 U 的高度有可拆卸的滑动拖架,用户可以根据自己服务器的标高灵活调节高度,以存放服务器、集线器、磁盘阵列柜等网络设备。服务器摆放好后,它的所有 I/O 线全部从机柜的后方引出(机架服务器的所有接口也在后方),统一安置在机柜的线槽中,一般贴有标号,便于管理。

机架式服务器的缺点:机架式服务器因为空间比台式服务器大大缩小,所以这类服务器在扩展性和散热问题上受到一定的限制,配件也经过一定的筛选,一般都无法实现更多的设备扩展,所以单机性能就比较有限,应用范围也比较有限,只能专注于某一方面的应用,如远程存储和 Web 服务的提供等。

(3)机柜式服务器。

在一些高档企业服务器中由于内部结构复杂,内部设备较多,有的还具有许多不同的设备单元或几个服务器都放在一个机柜中,这种服务器就是机柜式服务器,如图 3-3 所示。

图 3-3 机柜式服务器

对于证券、银行和邮电等重要企业,则应采用具有完备的故障自修复能力的系统,关键部件应采用冗余措施,对于关键业务使用的服务器也可以采用双机热备份高可用系统或者是高性能计算机,这样的系统可用性就可以得到很好的保证。

(4)刀片式服务器。

刀片式服务器是一种 HAHD(High Availability High Density,高可用高密度)的低成本服务器平台,是专门为特殊应用行业和高密度计算机环境设计的,其中每一块"刀片"实际上就是一块系统母板,类似于一个个独立的服务器,如图 3-4 所示。在这种模式下,每一个母板运行自己的系统,服务于指定的不同用户群,相互之间没有关联。不过可以使用系统软件将这些母板集合成一个服务器集群。在集群模式下,所有的母板可以连接起来提供高速的网络环境,可以共享资源,为相同的用户群服务。

图 3-4　刀片式服务器

当前市场上的刀片式服务器有两大类：一类主要为电信行业设计,接口标准和尺寸规格符合 PICMG(PCI Industrial Computer Manufacturer's Group)1.x 或 2.x,未来还将推出符合 PICMG3.x 的产品,采用相同标准的不同厂商的刀片和机柜在理论上可以互相兼容;另一类为通用计算设计,接口上可能采用了上述标准或厂商标准,但尺寸规格是厂商自定,注重性能价格比,属于这一类的产品居多。刀片式服务器目前最适合群集计算和 IXP(Internet Exchange Point,因特网交换点)。

刀片式服务器的优点：刀片式服务器适用于数码媒体、医学、航天、军事和通信等多种领域,可以通过本地硬盘启动自己的操作系统,如 Windows NT/2000、Linux 和 Solaris 等,类似于一个个独立的服务器。在集群中插入新的"刀片",就可以提高整体性能。而由于每块"刀片"都是热插拔的,因此系统可以轻松地进行替换,并且将维护时间减少到最小。系统配置可以通过一套智能 KVM(Keyboard,键盘;Video,显示器;Mouse,鼠标)切换器和 9个或 10 个带硬盘的 CPU 板来实现。CPU 可以配置成为不同的子系统。一个机架中的服务器可以通过新型的智能 KVM 转换板共享一套光驱、软驱、键盘、显示器和鼠标,以访问多台服务器,从而便于进行升级、维护和访问服务器上的文件。

4) 按品牌划分

著名的服务器品牌主要有 IBM、SUN、HP、DELL、联想、浪潮及曙光等。

3.1.2　服务器托管

服务器托管是指为了提高网站的访问速度,将服务器及相关设备托管到具有完善机房设施、高品质网络环境、丰富带宽资源和运营经验,以及可对用户的网络和设备进行实时监控的网络数据中心,以此使系统达到安全、可靠、稳定、高效运行的目的。托管的服务器由客户自己进行维护,或者由其他授权人进行远程维护。即由用户自行购买服务器设备放到当地电信、网通或其他 ISP 运营商的 IDC(Internet Data Center,互联网数据中心)机房。

服务器托管又称为主机托管,它摆脱了虚拟主机受软硬件资源的限制,能够提供高性能的处理能力,同时有效降低维护费用和机房设备投入、线路租用等高额费用。客户对设备拥有所有权和配置权,并可要求预留足够的扩展空间。无论客户在哪里,只要能上网,就可以对远在天涯的服务器进行控制,从而实现对服务器的拥有和维护。

1. 服务器托管的优势

服务器托管具有下述优势。

1）节约成本

- 线路成本。企业不必租用昂贵的通信线路，可以共享或独享数据中心高速带宽。
- 人员成本。由中心专业技术人员全天候咨询维护，省去了对维护人员的支出。
- 现场成本。完善的电力、空调、监控等设备保证企业服务器的正常运转，节省了大量建设机房的费用。

2）灵活性

用户根据需要，灵活选择数据中心提供的线路、端口及增值服务。无须受虚拟主机服务的功能限制，可以根据实际需要灵活配置服务器，以达到充分应用的目的。

3）稳定性

在独立主机的环境下，可以对自己的行为和程序严密把关、精密测试，将服务器的稳定性提升到最高。

4）安全性

在独立主机的环境下，可以自己设置主机权限，自由选择防火墙和防病毒设施。

5）独享性

独立主机可以选择足够的网络带宽等资源，以及服务器的档次，从而保证主机响应和网络的高速性。

2. 服务器托管注意事项

（1）仔细浏览对方网站，查看网站的稳定性和访问速度。如果服务器供应商自己的网站都出现访问速度较慢的情况，那么他的技术实力可能较差。

（2）仔细查看该公司的相关经营许可证和注册资金等，通过此项可以看出这家服务器供应商的实力情况。

（3）通过观察客户人员数量及上班时间来估测这家服务器供应商的规模。

3.1.3　虚拟主机

虚拟主机是在网络服务器上划分出一定的磁盘空间，供用户放置站点、应用组件等，提供必要的站点功能、数据存放和传输功能等。所谓虚拟主机，也叫"网站空间"，就是把一台运行在互联网上的服务器划分成多个"虚拟"的服务器，每一个虚拟主机都具有独立的域名和完整的 Internet 服务器（支持 WWW、FTP 和 E-mail 等）功能。网络发展中虚拟主机的利用，极大地促进了网络技术的应用和普及。同时虚拟主机的租用服务也成了网络时代新的经济形式。

虚拟主机是使用特殊的软、硬件技术，把一台真实的物理计算机主机分割成多个逻辑存储单元，每个逻辑单元都没有物理实体，但是每一个物理单元都能像真实的物理主机一样在网络上工作，具有单独的 IP 地址（或共享的 IP 地址）及完整的 Internet 服务器功能。

虚拟主机的关键技术在于，即使在同一台硬件、同一个操作系统上运行着为多个用户打开的不同的服务器程式，也互不干扰。而各个用户拥有自己的一部分系统资源（IP 地址、文档存储空间、内存、CPU 时间等）。虚拟主机之间完全独立。在外界看来，每一台虚拟主机和一台单独主机的表现完全相同。所以这种被虚拟化的逻辑主机被形象地称为"虚拟主机"。

　　一台服务器上的不同虚拟主机是各自独立的,并由用户自行管理。但一台服务器主机只能够支持一定数量的虚拟主机,当超过这个数量时,用户将会感到性能急剧下降。

　　虚拟主机技术是互联网服务器采用的节省服务器硬件成本的技术,虚拟主机技术主要应用于 HTTP 服务,将一台服务器的某项或者全部服务内容逻辑划分为多个服务单位,对外表现为多个服务器,从而充分利用服务器硬件资源。如果划分是系统级别的,则称为虚拟服务器。

　　虚拟主机所连的计算机不管是什么机型、运行什么操作系统、使用什么软件,都可以归结为两大类:客户端和服务器。

　　客户机是访问别人信息的机器。通过邮电局或别的 ISP 拨号上网时,电脑就被临时分配了一个 IP 地址,利用这个临时身份证,就可以在 Internet 的海洋里获取信息,网络断线后,电脑就脱离了 Internet,IP 地址也被收回。

　　服务器则是提供信息给客户端访问的机器,通常又称为主机。由于人们任何时候都可能访问到它,因此作为主机必须每时每刻都连接在 Internet 上,拥有自己永久的 IP 地址。因此不仅要设置专用的计算机硬件,还要租用昂贵的数据专线,再加上各种维护费用(如房租、人工和电费等),为此,人们开发了虚拟主机技术。

1. 虚拟主机方式的优点

　　(1) 相对于购买独立服务器,网站建设的费用大大降低,为普及中小型网站提供了极大便利。

　　(2) 利用虚拟主机技术,使得多台虚拟主机共享一台真实主机的资源,每个虚拟主机用户承受的硬件费用、网络维护费用、通信线路的费用均大幅度降低。许多企业建立网站都采用这种方法,这样不仅大大节省了购买机器和租用专线的费用,网站服务器管理简单,诸如软件配置、防病毒、防攻击等安全措施都由专业服务商提供,大大简化了服务器管理的复杂性;同时也不必为使用和维护服务器的技术问题担心,更不必聘用专门的管理人员。

　　(3) 网站建设效率提高。租用虚拟主机通常只需要很短的时间就可以开通,因为主要的域名注册、查询,服务商都已经实现了整个业务流程的电子商务化,选择适合自己需要的虚拟主机,在线付款之后马上就可以开通。

　　(4) 虚拟主机技术的出现是对 Internet 技术和网络发展的重大贡献。由于多台虚拟主机共享一台真实主机的资源,大大增加了服务器和通信线路的利用率。

2. 虚拟主机方式的缺点

　　(1) 某些功能受到服务商的限制,如可能耗用系统资源的论坛程序、流量统计功能等。

　　(2) 网站设计需要考虑服务商提供的功能支持,如数据库类型和操作系统等。

　　(3) 某些虚拟主机网站访问速度过慢,这可能是由于主机提供商将一台主机出租给数量众多的网站,或者服务器配置等方面的原因所造成的,这种状况网站自己无法解决,对于网站的正常访问会产生不利影响。

　　(4) 有些服务商对网站流量有一定限制,这样当网站访问量较大时将无法正常访问。

　　(5) 一般虚拟主机为了降低成本,没有独立 IP 地址,也就是说用 IP 地址不能直接访问网站(因为同一个 IP 地址对应有多个网站)。

3. 选择虚拟主机应注意的问题

选择虚拟主机应该从以下几方面进行考虑。

1）经营时间

经营时间的长短是评价一个虚拟主机提供商的重要标准。

2）性价比

低价导致性能下降，低价要防止服务商消失。卓越的信誉，优异的品质，真诚的服务，合适的价格，对于一个成功的虚拟主机提供商是非常重要的。

3）承载网站数量

虚拟主机是由服务器通过虚拟主机技术分割成的多个主机。一般来说，服务器上放置200个以内企业网站或30个以内功能型网站均属正常，不会影响服务器的速度，如果超过这个量，再好的服务器也很难承受，结果就会是速度下降，故障频繁的现象发生。

4）在线管理功能

服务商最好能提供虚拟主机控制面板、FTP等在线管理功能。市面上有很多支持各种平台的虚拟主机管理软件，使得虚拟主机空间的管理更轻松、更人性化。

5）数据安全性

服务商是否提供防火墙设备保护用户的数据安全和防范 DDoS（Distributed Denial of Service，分布式拒绝服务）攻击。服务器上有无其他违法网站，如有其他非法网站的存在，可能导致整个服务器被停止运行。

6）售后是否完善

服务商是否有完善的售后服务，对用户的数据进行监控，避免由于出现有害信息而被通信管理部门和公安部门处罚。

4. 虚拟主机的主要应用

虚拟主机主要应用在以下几个方面。

（1）虚拟服务器空间：非常适合中小企业、小型门户网站，节省资金资源。

（2）电子商务平台：虚拟主机空间与独立服务器的运行完全相同，中小型服务商可以以较低成本，通过虚拟主机空间建立自己的电子商务、在线交易平台。

（3）ASP 应用平台：虚拟主机空间特有的应用程序模板，可以快速地进行批量部署，再加上独立服务器的品质和极低的成本是中小型企业进行 ASP 应用的首选平台。

（4）数据共享平台：完全的隔离，无与伦比的安全，使得中小企业、专业门户网站可以使用虚拟主机空间提供数据共享、数据下载服务。对于大型企业来说，可以作为部门级应用平台。

（5）数据库存储平台：可以为中小企业提供数据存储数据功能。由于成本比独立服务器低，安全性高，成为小型数据库的首选。

3.1.4　服务器的选择原则

网站服务器是网站的硬件基础，设备的选择应根据网站的用途、功能、规模和用户访问量等因素来考虑。选择网站服务器时应遵循如下原则。

（1）性能要稳定：只有性能稳定的服务器才能保障网站的正常工作。

（2）以够用为准则：在选择时，要根据实际应用范围和功能来选择，从实际出发，选择够用偏上的服务器。

（3）应考虑扩展性：由于建站单位在发展，业务范围不断扩大，功能不断增强，这样就对服务器提出更高的要求，在这样的前提下，在选择时就要考虑服务器的扩展性。

（4）便于操作管理：现在的服务器必须具有非常好的易操作性和可管理性，如果出现故障，无需专业人员就可排除。

（5）信息和技术的安全性要好：要保证服务器具有较高的安全性，对软、硬件采取更好的保护措施等。

（6）内部配件的性能要搭配合理：为了使服务器更加高效的运转，必须确保选择的服务器的内部配件性能合理搭配。

（7）性价比要高：高档服务器的价格势必要比中低档服务器的价格要高。要根据实际情况，选择性能稳定、价格适中的服务器。

（8）售后服务要好：由于服务器的使用和维护具有一定的技术含量，这就要求操作和管理人员必须掌握一定的使用知识。但对于一些建站者来讲，配备专门人员来管理服务器又不是很现实，这就要求服务器售后服务一定要好，才能保证服务器安全、稳定地运转。

3.2 网站软件平台建设

建设好网站硬件平台服务器后，还需要进一步建设网站软件平台，软件平台是整个网站的灵魂。网站的软件平台主要包括网络操作系统、数据库管理系统和网站系统平台等内容。

3.2.1 网络操作系统

网络操作系统（Network Operating System，NOS）是网络的心脏和灵魂，是在网络环境下实现对网络资源的管理和控制，向网络计算机提供服务的特殊的操作系统，是用户与网络资源之间的接口。网络操作系统是建立在独立的操作系统之上，为网络用户提供使用网络系统资源的桥梁。网络操作系统运行在服务器上，并由联网的计算机用户共享。在多个用户争用系统资源时，网络操作系统进行资源调剂管理，它依靠各个独立的计算机操作系统对所属资源进行管理，协调和管理网络用户进程或程序与联机操作系统进行交互。

一般情况下，NOS 是以使网络相关特性达到最佳为目的的，如共享数据文件、软件应用，以及共享硬盘、打印机、调制解调器、扫描仪和传真机等。为防止一次由一个以上的用户对文件进行访问，一般网络操作系统都具有文件加锁功能。如果系统没有这种功能，用户可能不会正常工作。文件加锁功能可跟踪使用中的每个文件，并确保一次只能一个用户对其进行编辑。

3.2.1.1 网络操作系统的功能和特征

1. 网络操作系统的基本功能

（1）文件服务。通过 FTP、TFTP（Trivial File Transfer Protocol，简单文件传输协议）

等协议向网络提供文件服务,供客户端下载。

（2）打印服务。为网络上的计算机提供打印机共享。

（3）数据库服务。提供数据查询、增加、删除和修改等服务。

（4）通信服务。网络操作系统的最基本功能,完成网络通信。

（5）信息服务。常见的信息服务主要有 WWW、电子邮件和新闻组等。

（6）分布式服务。为分布在网络上的服务器提供协同管理,提高服务器集群的效率。

（7）网络管理服务。进行基本的网络管理和维护。

2．网络操作系统的基本特征

（1）网络 OS 允许在不同的硬件平台上安装和使用,能够支持各种网络协议和网络服务。

（2）提供必要的网络连接支持,能够连接两个不同的网络。

（3）提供多用户协同工作的支持,主要包括具有多种网络设置,管理的工具软件,能够方便地完成网络的管理。

（4）有很高的安全性,能够进行系统安全性保护和各类用户的存取权限控制。

3.2.1.2 常见的网络操作系统

常见的网络操作系统主要有 Windows 系列产品、NetWare、UNIX 及 Linux 等。Windows 系列产品具有图形操作界面,有很好的可操作性和交互性;NetWare 是一个开放的网络服务器平台,可以方便地对其进行扩充;UNIX 网络操作系统以优秀的稳定性著称;Linux 继承了 UNIX 的优秀特性,并且以开放源代码而闻名,吸引了越来越多的用户。

1．Windows 网络操作系统

Windows 网络操作系统是全球最大的软件开发商 Microsoft(微软)公司开发的。微软公司的 Windows 系统不仅在个人操作系统中占有绝对优势,而且在网络操作系统中也是具有非常强劲的力量。这类操作系统配置在整个局域网配置中是最常见的,但由于它对服务器的硬件要求较高,且稳定性能不是很好,因此微软的网络操作系统一般只是用在中低档服务器中,高端服务器通常采用 UNIX、Linux 等非 Windows 操作系统。

Windows 网络操作系统包括 Windows NT、Windows 2000 Server、Windows Server 2003、Windows Server 2008 和 Windows Server 2012 等。Windows 操作系统支持即插即用、多任务、对称多处理和群集等一系列功能。

1) Windows NT

Microsoft Windows NT(New Technology,新技术)是 Microsoft 在 1993 年推出的面向工作站、网络服务器和大型计算机的网络操作系统,也可作为 PC 操作系统。它与通信服务紧密集成,基于 OS/2 NT 基础编制。

Windows NT 的主流版本主要有 NT 3.1、NT 3.5x 和 NT 4.0。

（1）Windows NT 3.1 是微软的 Windows NT 产品线的第一代产品,用于服务器和商业桌面操作系统,于 1993 年 7 月 27 日发布。版本号选择 3.1 是为了匹配 Windows 3.1(微软当时最新版的图形用户界面),以表明它们拥有非常类似的用户界面方面的视觉效果。有两个版本的 NT 3.1 可供选择,即 Windows NT 3.1 和 Windows NT Advanced Server 3.1。它可以运行在 Intel x86、DEC Alpha 和 MIPS R4000 的 CPU 上。

(2) Windows NT 3.5 是微软于 1994 年发布的网络操作系统,此后陆续推出了 Windows NT 3.5x 系列,该系列有两个版本,即 Windows 3.5x Workstation 和 Windows 3.5x Server。

Windows 3.5x Workstation 限制了可同时运行的网络任务的数量并省略了一些服务器软件,而 Windows NT 3.51 可以用来构建一个完整的网络服务器。Windows NT 3.5x 的界面仍然和 Windows 3.1 保持一致。Windows NT Workstation 3.5 支持 OpenGL 显卡标准,同时进一步改善了安全性和稳定性,使得 Windows 的应用领域得以大大扩展。

(3) Windows NT 4.0 于 1996 年 4 月发布。Windows NT 4.0 是 NT 系列的一个里程碑,该系统面向工作站、网络服务器和大型计算机,它与通信服务紧密集成,提供文件和打印服务,能运行客户端/服务器应用程序,内置了 Internet/Intranet 功能。

Windows NT 4.0 的特点:

① 32 位操作系统,多重引导功能,可与其他操作系统共存。

② 实现了"抢先式"多任务和多线程操作。

③ 采用 SMP(Symmetric Multi-Processing,对称多处理)技术,支持多 CPU 系统。

④ 支持 CISC 和 RISC 多种硬件平台。

⑤ 可与各种网络操作系统实现互操作,如 UNIX、Novel Netware 和 Macintosh 等系统。

⑥ 支持多种协议,如 TCP/IP、NetBEUI、DLC、AppleTalk 和 NWLINK 等。

⑦ 安全性达到美国国防部的 C2 标准。

2) Windows 2000 Server

Windows 2000 Server 是 Windows 2000 服务器版,面向小型企业的服务器领域。它的原名就是 Windows NT 5.0 Server。支持每台机器上最多拥有 4 个处理器,最低支持 128MB 内存,最高支持 4GB 内存。

微软通过 Windows 2000 Server 操作系统达到了软件业很少实现的一个目标:提供一种同时具有改进性和创新性的产品。改进性表现为 Windows 2000 建立于 Windows NT 4.0 操作系统的良好基础之上;创新性表现为 Windows 2000 Server 设置了操作系统与 Web、应用程序、网络、通信和基础设施服务之间良好集成的一个新标准。

Windows 2000 Server 有三个版本:

(1) Windows 2000 Server,即服务器版,面向小型企业的服务器领域,它的前一个版本为 Windows NT 4.0 Server 版。支持每台机器上最多拥有 4 个处理器,最低支持 128MB 内存,最高支持 3.25GB 内存。Server 在 NT4 的基础上做了大量的改进,在各种功能方面有了更大的提高。

(2) Windows 2000 Advanced Server,即高级服务器版,面向大中型企业的服务器领域。它的原名就是 Windows NT 5.0 Server Enterprise Edition。最高可以支持 8 个处理器,最低支持 128MB 内存,最高支持 8GB 内存。与 Server 版不同的是,Advanced Server 具有更为强大的特性和功能。它对 SMP(对称多处理器)的支持要比 Server 更好,支持的数目可以达到 4 路。

(3) Windows 2000 Datacenter Server,即数据中心服务器版,面向最高级别的可伸缩性、可用性与可靠性的大型企业或国家机构的服务器领域。8 路或更高处理能力的服务器（最高可以支持 32 个处理器），最低支持 256MB 内存，最高支持 64GB 内存，可以支持 32 路 SMP 系统和 64GB 的物理内存。该系统可用于大型数据库、经济分析、科学计算及工程模拟等方面，另外还可用于联机交易处理。

3) Windows Server 2003

Windows Server 2003 是微软的服务器操作系统。最初叫作 Windows . NET Server，后改成 Windows . NET Server 2003，最终被改成 Windows Server 2003，于 2003 年 3 月 28 日发布，并在同年 4 月底上市。相对于 Windows 2000 做了很多改进，包括改进的 Active Directory(活动目录)，如可以从 schema 中删除类；改进的 Group Policy(组策略)操作和管理；改进的磁盘管理，如可以从 Shadow Copy(卷影复制)中备份文件。

（1）Windows Server 2003 的主要特性。

Windows Server 2003 具有可靠性、可用性、可伸缩性和安全性，这使其成为高度可靠的网络平台。

① 可靠性。

Windows Server 2003 用以下方式保证可靠性：

• 提供具有基本价值的 IT 基础结构：改进的可靠性、实用性和可伸缩性。

• 在广泛的操作系统功能基础上提供一个具有内置的传统应用程序服务器功能的应用系统平台。

• 集成了信息工作者基础结构，从而有助于保护商业信息的安全性和可访问性。

② 可用性。

Windows Server 2003 系列增强了群集支持，从而提高了其可用性。对于部署业务关键的应用程序、电子商务应用程序和各种业务应用程序的单位而言，群集服务是必不可少的，因为这些服务大大改进了单位的可用性、可伸缩性和易管理性。在 Windows Server 2003 中，群集安装和设置更容易也更可靠，而该产品的增强网络功能提供了更强的故障转移能力和更长的系统运行时间。

Windows Server 2003 系列支持多达 8 个节点的服务器群集。如果群集中某个节点由于故障或者维护而不能使用，另一个节点会立即提供服务，这一过程即为故障转移。Windows Server 2003 还支持网络负载平衡（Network Load Balancing，NLB)，它在群集中各个节点之间平衡传入的 Internet 协议（IP)通信。

③ 可伸缩性。

Windows Server 2003 系列通过由对称多处理（Symmetric Multi-Processing，SMP)技术支持的向上扩展和由群集支持的向外扩展来提供可伸缩性。内部测试表明，与 Windows 2000 Server 相比，Windows Server 2003 在文件系统方面提供了更高的性能，其他功能（包括 Microsoft Active Directory 服务、Web 服务器和终端服务器组件及网络服务)的性能也显著提高。Windows Server 2003 是从单处理器解决方案一直扩展到 32 路系统的。它同时支持 32 位和 64 位处理器。

④ 安全性。

Windows Server 2003 在安全性方面提供了许多重要的新功能和改进，包括：

　　a. 公共语言运行库。

　　公共语言运行库是 Windows Server 2003 的关键部分,它提高了可靠性并有助于保证计算环境的安全。它降低了错误数量,并减少了由常见的编程错误引起的安全漏洞。因此,攻击者能够利用的弱点就更少了。公共语言运行库还验证应用程序是否可以无错误运行,并检查适当的安全性权限,以确保代码只执行适当的操作。

　　b. Internet Information Services(IIS)6.0。

　　为了增强 Web 服务器的安全性,Internet Information Services (IIS)6.0 在交付时的配置可获得最大安全性(默认安装"已锁定")。IIS 6.0 和 Windows Server 2003 提供了最可靠、最高效、连接最通畅及集成度最高的 Web 服务器解决方案,该方案具有容错性、请求队列、应用程序状态监控、自动应用程序循环、高速缓存及其他更多功能。

　　这些功能是 IIS 6.0 中许多新功能的一部分,可以保障在 Web 上安全地执行业务。

　　Windows Server 2003 在许多方面都具有使机构和雇员提高工作效率的能力,主要体现在以下几方面。

　　① 文件和打印服务器。

　　任何 IT 机构的核心都是要求对文件和打印资源进行有效的管理,同时又允许用户安全地使用。随着网络的扩展,位于站点上、远程位置及合伙公司中用户的增加,致使 IT 管理员面临着不断增长的沉重负担。Windows Server 2003 系列提供了智能的文件和打印服务,其性能和功能性都得到提高,从而降低整体成本。

　　② Active Directory。

　　Active Directory 是 Windows Server 2003 系列的目录服务。它存储了有关网络上对象的信息,并且通过提供目录信息的逻辑分层组织,使管理员和用户易于找到该信息。

　　Windows Server 2003 对 Active Directory 做了不少改进,使其使用起来更通用、更可靠,也更经济。在 Windows Server 2003 中,Active Directory 提供了增强的性能和可伸缩性。它允许更加灵活地设计、部署和管理单位的目录。

　　③ 管理服务。

　　随着桌面计算机、便携式计算机和便携式设备上计算量的激增,维护分布式个人计算机网络的实际成本也显著增加。通过自动化来减少日常维护是降低操作成本的关键。Windows Server 2003 新增了几套重要的自动管理工具来帮助实现自动部署,包括 Microsoft 软件更新服务(Software Update Services,SUS)和服务器配置向导。新的组策略管理控制台(The Group Policy Management Console,GPMC)使得管理组策略更加容易,从而使更多的机构能够更好地利用 Active Directory 服务及其强大的管理功能。此外,命令行工具使管理员可以从命令控制台执行大多数任务。

　　④ 存储服务。

　　Windows Server 2003 在存储管理方面引入了新的增强功能,这使得管理及维护磁盘和卷、备份和恢复数据及连接存储区域网络(SAN)更为简易和可靠。

　　Microsoft Windows Server 2003 的终端服务组件构建在 Windows 2000 终端组件中可靠的应用服务器模式之上。终端服务可以将基于 Windows 的应用程序或 Windows 桌面本身传送到几乎任何类型的计算设备上(包括那些不能运行 Windows 的设备)。

　　Windows Server 2003 包含许多新功能和改进,以确保使用者的组织和用户保持连接状态。IIS 6.0 是 Windows Server 2003 系列的重要组件。管理员和 Web 应用程序开发人员需要一个快速、可靠的 Web 平台,并且它是可扩展的和安全的。IIS 中的重大结构改进包括一个新的进程模型,它极大地提高了可靠性、可伸缩性和性能。默认情况下,IIS 以锁定状态安装。安全性得到了提高,因为系统管理员根据应用程序要求来启用或禁用系统功能。此外,对直接编辑 XML 元数据库的支持改善了管理能力。

⑤ 联网和通信。

对于面临全球市场竞争挑战的单位来说,联网和通信是当务之急。员工需要在任何地点、使用任何设备接入网络。合作伙伴、供应商和网络外的其他机构需要与关键资源进行高效地交互,而且安全性比以往任何时候都重要。Windows Server 2003 系列的联网改进和新增功能扩展了网络结构的多功能性、可管理性和可靠性。

⑥ Enterprise UDDI(Universal Description,Discovery and Integration,通用描述、发现与集成)服务。

Windows Server 2003 包括 Enterprise UDDI 服务,它是 XML Web 服务动态而灵活的结构。这种基于标准的解决方案使公司能够运行自己的内部 UDDI 服务,以供 Intranet 和 Extranet 使用。开发人员能够轻松而快速地找到并重用单位内可用的 Web 服务。IT 管理员能够编录并管理网络中的可编程资源。利用 Enterprise UDDI 服务,公司能够生成和部署更智能、更可靠的应用程序。

⑦ Windows 媒体服务。

Windows Server 2003 包括业内最强大的数字流媒体服务。这些服务是 Microsoft Windows Media 技术平台下一个版本的一部分,该平台还包括新版的 Windows 媒体播放器、Windows 媒体编辑器、音频/视频编码解码器及 Windows 媒体软件开发工具包。

(2) Windows Server 2003 的版本。

① Windows Server 2003 Web 版。

Windows Server 2003 Web Edition 用于构建和存放 Web 应用程序、网页和 XMLWeb Services。它主要使用 IIS 6.0 Web 服务器并提供快速开发和部署使用 ASP-NET 技术的 XMLWeb services 和应用程序。支持双处理器,最低支持 256MB 的内存,最高支持 2GB 的内存。

② Windows Server 2003 标准版。

Windows Server 2003 Standard Edition 的销售目标是中小型企业,支持文件和打印机共享,提供安全的 Internet 连接,允许集中的应用程序部署。支持 4 个处理器,最低支持 256MB 的内存,最高支持 4GB 的内存。

③ Windows Server 2003 企业版。

Windows Server 2003 Enterprise Edition 与 Windows Server 2003 标准版的主要区别在于:Windows Server 2003 企业版支持高性能服务器,并且可以群集服务器,以便处理更大的负荷。通过这些功能实现了可靠性,有助于确保系统即使在出现问题时仍可用。

④ Windows Server 2003 数据中心版。

Windows 2003 Datacenter Edition 是针对要求最高级别的可伸缩性、可用性和可靠性的大型企业或国家机构等而设计的。它是最强大的服务器操作系统。

4）Windows Server 2008

Windows Server 2008 是微软的一个服务器操作系统，它继承自 Windows Server 2003。Windows Server 2008 在进行开发及测试时的代号为 Windows Server Longhorn。

Microsoft Windows Server 2008 代表了下一代 Windows Server。使用 Windows Server 2008，IT 专业人员对其服务器和网络基础结构的控制能力更强，从而可重点关注关键业务需求。Windows Server 2008 通过加强操作系统和保护网络环境提高了安全性。Windows Server 2008 具有新的增强的基础结构，先进的安全特性和改良后的 Windows 防火墙支持活动目录用户和组的完全集成。

Microsoft Windows Server 2008 用于在虚拟化工作负载、支持应用程序和保护网络方面向组织提供最高效的平台。它为开发和可靠地承载 Web 应用程序和服务提供了一个安全、易于管理的平台。从工作组到数据中心，Windows Server 2008 都提供了很有价值的新功能，对基本操作系统做出了重大改进。

Windows Server 2008 完全基于 64 位技术，在性能和管理等方面系统的整体优势相当明显。在此之前，企业对信息化的重视越来越强，服务器整合的压力也就越来越大，因此应用虚拟化技术已经成为大势所趋。经过测试，Windows Server 2008 完全基于 64 位的虚拟化技术，为未来服务器整合提供了良好的参考技术手段。Windows 服务器虚拟化（Hyper-V）能够使组织最大限度实现硬件的利用率，合并工作量，节约管理成本，从而对服务器进行合并，并由此减少服务器所有权的成本。

Windows Server 2008 发行了多种版本，以支持各种规模的企业对服务器不断变化的需求。Windows Server 2008 有 5 种不同版本，另外还有 3 个不支持 Windows Server Hyper-V 技术的版本，因此总共有 8 种版本。本节简单介绍前 3 种。

（1）Windows Server 2008 Standard。

Windows Server 2008 Standard 是迄今最稳固的 Windows Server 操作系统，其内置的强化 Web 和虚拟化功能是专为增加服务器基础架构的可靠性和弹性而设计，并可节省时间及降低成本。其拥有更好的服务器控制能力，并简化设定和管理工作；增强的安全性功能则可强化操作系统，以协助保护数据和网络，并可为企业提供扎实且可高度信赖的基础。

（2）Windows Server 2008 Enterprise。

Windows Server 2008 Enterprise 可提供企业级的平台，部署企业关键应用。其所具备的群集和热添加（Hot-Add）处理器功能可协助改善可用性，而整合的身份管理功能可协助改善安全性，利用虚拟化授权权限整合应用程序，则可减少基础架构的成本，因此 Windows Server 2008 Enterprise 能为高度动态、可扩充的 IT 基础架构提供良好的基础。

（3）Windows Server 2008 Datacenter。

Windows Server 2008 Datacenter 所提供的企业级平台，可在小型和大型服务器上部署具有企业关键应用及大规模的虚拟化应用。其所具备的群集和动态硬件分割功能可改善可用性，通过无限制的虚拟化许可授权来巩固应用可减少基础架构的成本。此外，此版本也可支持 2～64 个处理器，因此 Windows Server 2008 Datacenter 能够提供良好的基础，用以建立企业级虚拟化和扩充解决方案。

5）Windows Server 2012

Windows Server 2012（开发代号：Windows Server 8）是微软的一个服务器系统。这是

Windows 8 的服务器版本,并且是 Windows Server 2008 R2 的继任者。该操作系统已经在 2012 年 8 月 1 日完成编译 RTM 版,并且在 2012 年 9 月 4 日正式发售。

Windows Server 2012 有 4 个版本:Foundation、Essentials、Standard 和 Datacenter。

Windows Server 2012 Foundation 版本仅提供给 OEM 厂商,限定用户 15 位,提供通用服务器功能,不支持虚拟化。

Windows Server 2012 Essentials 面向中小企业,用户限定在 25 位以内,该版本简化了界面,预先配置云服务连接,不支持虚拟化。

Windows Server 2012 Standard 提供完整的 Windows Server 功能,限制使用两台虚拟主机。

Windows Server 2012 Datacenter 提供完整的 Windows Server 功能,不限制虚拟主机数量。

2. Netware 网络操作系统

Netware 是 NOVELL 公司推出的网络操作系统。Netware 最重要的特征是基于基本模块设计思想的开放式系统结构。Netware 是一个开放的网络服务器平台,可以方便地对其进行扩充。Netware 系统对不同的工作平台(如 DOS、OS/2 和 Macintosh 等),不同的网络协议环境(如 TCP/IP)及各种工作站操作系统提供了一致的服务。该系统内可以增加自选的扩充服务(如替补备份、数据库、电子邮件及记账等),这些服务可以取自 Netware 本身,也可取自第三方开发者。

目前常用的版本有 3.11、3.12 和 4.10、V4.11、V5.0 等中、英文版本,而主流的是 Netware 5 版本,支持所有的重要台式操作系统(如 DOS、Windows、OS/2、UNIX 和 Macintosh)及 IBM SAA 环境,为需要在多厂商产品环境下进行复杂的网络计算的企事业单位提供了高性能的综合平台。

Netware 是具有多任务、多用户的网络操作系统,它的较高版本提供系统容错能力 (SFT)。使用开放协议技术(OPT),各种协议的结合使不同类型的工作站可与公共服务器通信。这种技术满足了广大用户在不同种类网络间实现互相通信的需要,实现了各种不同网络的无缝通信,即把各种网络协议紧密地连接起来,可以方便地与各种小型机、中大型机连接通信。Netware 可以不用专用服务器,任何一种 PC 均可作为服务器。Netware 服务器对无盘站和游戏的支持较好,常用于教学网和游戏厅。

NetWare 操作系统是以文件服务器为中心,主要由文件服务器内核、工作站外壳和低层通信协议三个部分组成。文件服务器内核实现了 Netware 的核心协议(Netware Core Protocol,NCP),并提供了 Netware 的核心服务。文件服务器内核负责对网络工作站服务请求的处理,主要完成内核进程服务、文件系统管理、安全保密管理、硬盘管理、系统容错管理、服务器与工作站的连接管理、网络监控等网络服务与任务管理。

3. UNIX 网络操作系统

UNIX 操作系统是一个强大的多用户、多任务操作系统,支持多种处理器架构,按照操作系统的分类属于分时操作系统,最早由 Ken Thompson、Dennis Ritchie 和 DouglasMcIlroy 于 1969 年在 AT&T 的贝尔实验室开发。

UNIX 具有如下特性：

（1）是一个多用户、多任务的分时操作系统。

（2）UNIX 的系统结构可分为两部分：操作系统内核（由文件子系统和进程控制子系统构成，最贴近硬件）和系统的外壳（贴近用户）。外壳由 Shell 解释程序、支持程序设计的各种语言、编译程序和解释程序、实用程序和系统调用接口等组成。

（3）大部分是由 C 语言编写的，这使得系统易读、易修改、易移植。

（4）提供了丰富的、精心挑选的系统调用，整个系统的实现十分紧凑、简洁。

（5）提供了功能强大的可编程的 Shell 语言（外壳语言）作为用户界面，具有简洁、高效的特点。

（6）采用树状目录结构，具有良好的安全性、保密性和可维护性。

（7）采用进程对换（Swapping）的内存管理机制和请求调页的存储方式，实现了虚拟内存管理，大大提高了内存的使用效率。

（8）提供多种通信机制，如管道通信、软中断通信、消息通信、共享存储器通信和信号灯通信。

4．Linux 网络操作系统

Linux 是一套免费使用和自由传播的类 UNIX 操作系统，是一个基于 POSIX 和 UNIX 的多用户、多任务、支持多线程和多 CPU 的操作系统。它能运行主要的 UNIX 工具软件、应用程序和网络协议。它支持 32 位和 64 位硬件。Linux 继承了 UNIX 以网络为核心的设计思想，是一个性能稳定的多用户网络操作系统。

Linux 操作系统诞生于 1991 年 10 月 5 日（这是第一次正式向外公布的时间）。Linux 存在着许多不同的 Linux 版本，但它们都使用了 Linux 内核。Linux 可安装在各种计算机硬件设备中，比如手机、平板电脑、路由器、视频游戏控制台、台式计算机、大型机和超级计算机。严格来讲，Linux 这个词本身只表示 Linux 内核，但实际上人们已经习惯了用 Linux 来形容整个基于 Linux 内核，并且使用 GNU 工程的各种工具和数据库的操作系统。

Linux 的主要特性：

（1）完全免费。

Linux 是一款免费的操作系统，用户可以通过网络或其他途径免费获得，并可以任意修改其源代码。这是其他的操作系统所做不到的。正是由于这一点，来自全世界的无数程序员参与了 Linux 的修改、编写工作，程序员可以根据自己的兴趣和灵感对其进行改变，这让 Linux 吸收了无数程序员的精华，不断壮大。

（2）完全兼容 POSIX 1.0 标准。

这使得可以在 Linux 下通过相应的模拟器运行常见的 DOS、Windows 的程序。这为用户从 Windows 转到 Linux 奠定了基础。

（3）多用户、多任务。

Linux 支持多用户，各个用户对于自己的文件设备有自己特殊的权利，保证了各用户之间互不影响。多任务则是现在计算机最主要的一个特点，Linux 可以使多个程序同时并独立地运行。

（4）良好的界面。

Linux同时具有字符界面和图形界面。字符界面用户可以通过键盘输入相应的指令来进行操作。它同时也提供了类似Windows图形界面的X-Window系统,用户可以使用鼠标对其进行操作。在X-Window环境中就和在Windows中相似,可以说是一个Linux版的Windows。

（5）支持多种平台。

Linux可以运行在多种硬件平台上,如具有x86、680x0、SPARC和Alpha等处理器的平台。此外,Linux还是一种嵌入式操作系统,可以运行在掌上电脑、机顶盒或游戏机上。2001年1月发布的Linux 2.4版内核已经能够完全支持Intel 64位芯片架构。同时Linux也支持多处理器技术。多个处理器同时工作,使系统性能大大提高。

3.2.2 数据库管理系统

数据库管理系统（Database Management System,DBMS）是一种操纵和管理数据库的大型软件,用于建立、使用和维护数据库。它对数据库进行统一的管理和控制,以保证数据库的安全性和完整性。用户通过DBMS访问数据库中的数据,数据库管理员也通过DBMS进行数据库的维护工作。它可使多个应用程序和用户用不同的方法在同时或不同时刻去建立、修改和询问数据库。大部分DBMS提供数据定义语言（Data Definition Language,DDL）和数据操作语言（Data Manipulation Language,DML）,供用户定义数据库的模式结构与权限约束,实现对数据的追加、删除等操作。

1. DBMS的主要功能

DBMS的主要功能如下:

（1）数据定义。

DBMS提供数据定义语言供用户定义数据库的三级模式结构、两级映像,以及完整性约束和保密限制等约束。DDL主要用于建立、修改数据库的库结构。DDL所描述的库结构仅仅给出了数据库的框架,数据库的框架信息被存放在数据字典（Data Dictionary,DD）中。

（2）数据操作。

DBMS提供数据操作语言供用户实现对数据的追加、删除、更新和查询等操作。

（3）数据库的运行管理。

数据库的运行管理功能是DBMS的运行控制、管理功能,包括多用户环境下的并发控制、安全性检查和存取限制控制、完整性检查和执行、运行日志的组织管理、事务的管理和自动恢复,即保证事务的原子性。这些功能保证了数据库系统的正常运行。

（4）数据组织、存储与管理。

DBMS要分类组织、存储和管理各种数据,包括数据字典、用户数据和存取路径等,需确定以何种文件结构和存取方式在存储级上组织这些数据,如何实现数据之间的联系。数据组织和存储的基本目标是提高存储空间利用率,选择合适的存取方法提高存取效率。

（5）数据库的保护。

数据库中的数据是信息社会的战略资源,所以数据的保护至关重要。DBMS对数据库的保护通过数据库的恢复、数据库的并发控制、数据库的完整性控制、数据库安全性控制等实现。DBMS的其他保护功能还有系统缓冲区的管理及数据存储的某些自适应调节机制等。

（6）数据库的维护。

数据库的维护包括数据库的数据载入、转换、转储、数据库的重组和重构及性能监控等功能，这些功能分别由各个使用程序来完成。

（7）通信。

DBMS具有与操作系统的联机处理、分时系统及远程作业输入的相关接口，负责处理数据的传送。对网络环境下的数据库系统，还应该包括DBMS与网络中其他软件系统的通信功能及数据库之间的互操作功能。

2．DBMS的种类

DBMS种类很多，主要包括达梦、SYBASE、DB2、ORACLE、MySQL、ACCESS、Visual Foxpro、MS SQL Server、Informix和PostgreSQL等。本节主要介绍常用的几种。

1）Access

Access即Microsoft Office Access，是由微软发布的关联式数据库管理系统。它是微软把数据库引擎的图形用户界面和软件开发工具结合在一起的一个数据库管理系统。它是微软Office的一个成员，在包括专业版和更高版本的Office版本里面被单独出售。2012年12月4日，最新的微软Office Access 2013在微软Office 2013里发布。

Access以它自己的格式将数据存储在基于Access Jet的数据库引擎里。它还可以直接导入或者链接数据（这些数据存储在其他应用程序和数据库中）。

（1）Access的用途

① 用来进行数据分析。Access有强大的数据处理、统计分析能力，利用Access的查询功能，可以方便地进行各类汇总、平均等统计，并可灵活设置统计的条件，比如在统计分析上万条记录、十几万条记录及以上的数据时速度快且操作方便，这一点是Excel无法与之相比的。

② 用来开发软件。Access用来开发软件，比如生产管理、销售管理、库存管理等各类企业管理软件，低成本地满足了那些从事企业管理工作的人员的管理需要，通过软件来规范同事、下属的行为，推行其管理思想。

③ 在开发一些小型网站Web应用程序时用来存储数据。例如ASP＋Access结合。

（2）Microsoft Office Access 2010的特点

Microsoft Office Access 2010的特点主要体现在以下几方面：

① 好上手、上手快。

在Access 2010中，可以发挥社群的力量。采用其他人建立的数据库模板，并且可以分享独到的设计。使用由Office Online预先建置，针对常见工作而设计的全新数据库模板，或是选择社群提供的模板，并且加以自定义，以符合独特的需求。

② 为数据建立集中化存取平台。

使用多种数据联机，以及从其他来源链接或汇入的信息，以整合Access报表。可以透过改良的"设定格式化的条件"功能与计算工具，建立起丰富、动态化、富含视觉效果的报表。

Access 2010 报表已可支持数据横条效果,使阅读报表能更容易掌握。

③ 在任何地方都能存取应用程序、数据或窗体。将数据库延伸到网络上,让没有 Access 客户端的使用者也能透过浏览器开启网络窗体与报表。数据库如有变更,将自动获得同步处理。也可以脱机处理网络数据库,进行设计与数据变更,然后在重新联机时将这些变更同步更新到 Microsoft SharePoint Server 2010 上。通过 Access 2010 与 SharePoint Server 2010 数据将可获得集中保护,以符合数据、备份与集合方面的法规需求,并且提高可存取性与管理能力。

④ 让专业设计深入 Access 数据库。可以设计多种主题,使窗体与报表更加美观。

⑤ 以拖放方式为数据库加入导航功能。不用撰写任何程序代码,或设计任何逻辑,就能创造出具备专业外观与网页式导览功能的窗体,常用的窗体或报表在使用上更为方便。共有 6 种预先定义的导览模板,外加多种垂直或水平索引卷标可供选择。多层的水平索引卷标可用于显示大量的 Access 窗体或报表。只要是拖放方式,就能显示窗体或报表。

⑥ 更快、更轻松地完成工作。Access 2010 能简化寻找及使用各项功能的方式。全新的 Microsoft Office Backstage 检视取代了传统的档案菜单,只需轻按几下鼠标,就能发布、备份及管理数据库。功能区设计也经过改良,进一步加快了存取常用命令的速度。

⑦ 使用 IntelliSense 建立表达式十分轻松。经过简化的"表达式建立器"可以更快、更轻松地建立数据库中的逻辑与表达式。IntelliSense 的快速信息、工具提示与自动完成,有助于减少错误,省下死背表达式名称和语法的时间,把更多的时间挪到应用程序逻辑的建立上。

⑧ 以前所未有的超快速度设计宏。Access 2010 拥有面目一新的宏设计工具,可以更轻松地建立、编辑并自动化执行数据库逻辑。宏设计工具能提高用户生产力、减少程序代码撰写错误,并且轻松整合复杂无比的逻辑,建立起稳固的应用程序。以数据宏结合逻辑与数据,将逻辑集中在源数据表上,进而加强程序代码的可维护性。可以透过更强大的宏设计工具与数据宏,把 Access 客户端的自动化功能延伸到 SharePoint 网络数据库及其他会更新数据表的应用程序上。

⑨ 把数据库部分转化成可重复使用的模板。重复使用由数据库的其他用户所建置的数据库组件,节省时间与心力。可以将常用的 Access 对象、字段或字段集合存储为模板,并且加入到现有的数据库中,以提高生产力。应用程序组件可以分享给组织的所有成员使用,以求建立数据库应用程序时能拥有一致性。

⑩ 整合 Access 数据与实时网络内容。可以经由网络服务通信协议联机到数据源。可透过 Business Connectivity Services 将网络服务与业务应用程序的数据纳入建立的数据库中。此外,全新的网页浏览器控制功能还可将 Web 2.0 内容整合到 Access 窗体中。

2) Microsoft SQL Server

SQL(Structured Query Language,结构化查询语言)的主要功能就是同各种数据库建立联系,进行沟通。按照 ANSI(美国国家标准协会)的规定,SQL 被作为关系型数据库管理系统的标准语言。SQL 语句可以用来执行各种各样的操作,例如更新数据库中的数据,从数据库中提取数据等。目前,绝大多数流行的关系型数据库管理系统,如 Oracle、Sybase、Microsoft SQL Server 和 Access 等都采用了 SQL 语言标准。

SQL Server 是一个关系数据库管理系统,它最初是由 Microsoft、Sybase 和 Ashton-

Tate 三家公司共同开发的,于 1988 年推出第一个 OS/2 版本。在 Windows NT 推出后,Microsoft 与 Sybase 在 SQL Server 的开发上就分道扬镳了,Microsoft 将 SQL Server 移植到 Windows NT 系统上,专注于开发推广 SQL Server 的 Windows NT 版本;Sybase 则较专注于 SQL Server 在 UNIX 操作系统上的应用。

SQL Server 2000 是 Microsoft 公司推出的 SQL Server 数据库管理系统,该版本继承了 SQL Server 7.0 版本的优点,同时又比它增加了许多更先进的功能。具有使用方便、可伸缩性好、与相关软件集成程度高等优点,可跨越从膝上型计算机到大型多处理器的服务器等多种平台使用。

(1) Microsoft SQL Server 的特性。

Microsoft SQL Server 的特性主要体现在以下方面:

① Internet 集成。

SQL Server 2000 数据库引擎提供完整的 XML 支持。它还具有构成最大的 Web 站点的数据存储组件所需的可伸缩性、可用性和安全功能。SQL Server 2000 程序设计模型与 Windows DNA 构架集成,用以开发 Web 应用程序,并且 SQL Server 2000 支持 English Query 和 Microsoft 搜索服务等功能,在 Web 应用程序中包含了用户友好的查询和强大的搜索功能。

② 可伸缩性和可用性。

同一个数据库引擎可以在不同的平台上使用,从运行便携式计算机到大型多处理器服务器。SQL Server 2000 企业版支持联合服务器、索引视图和大型内存支持等功能,使其得以升级到最大 Web 站点所需的性能级别。

③ 企业级数据库功能。

SQL Server 2000 关系数据库引擎支持当今苛刻的数据处理环境所需的功能。数据库引擎充分保护数据完整性,同时将管理上千个并发修改数据库的用户的开销减到最小。SQL Server 2000 分布式查询能够引用来自不同数据源的数据,就好像这些数据是 SQL Server 2000 数据库的一部分,同时分布式事务支持充分保护分布式数据更新的完整性。复制同样能够维护多个数据,同时确保单独的数据保持同步。可将一组数据复制到多个移动的脱机用户,使这些用户自主地工作,然后将他们所做的修改合并回发服务器。

④ 易于安装部署和使用。

SQL Server 2000 中包括一系列管理和开发工具,这些工具可改进在多个站点上安装、部署、管理和使用 SQL Server 的过程。SQL Server 2000 还支持基于标准的、与 Windows DNA 集成的程序设计模型,使 SQL Server 数据库和数据仓库的使用成为生成强大的可伸缩系统的无缝部分。这些功能能快速交付 SQL Server 应用程序,使客户只需最少的安装和管理开销即可实现这些应用程序。

(2) Microsoft SQL Server 的优点。

① 高性能设计,可充分利用 Windows NT 的优势。

② 系统管理先进,支持 Windows 图形化管理工具,支持本地和远程的系统管理和配置。

③ 强壮的事务处理功能,采用各种方法保证数据的完整性。

④ 支持对称多处理器结构、存储过程和 ODBC,并具有自主的 SQL 语言。SQL Server

以其内置的数据复制功能、强大的管理工具、与 Internet 的紧密集成和开放的系统结构为广大的用户、开发人员和系统集成商提供了一个出众的数据库平台。

（3）保护 Microsoft SQL Server 的措施

为提高 SQL Server 安装的安全性，采取如下措施：

① 安装最新的服务包。

为了提高服务器安全性，最有效的一个方法就是升级到 SQL Server 2000 Service Pack 3a(SP3a)。另外，还应该安装所有已发布的安全更新。

② 使用 Microsoft 基线安全性分析器（Microsoft Baseline Security Analyzer，MBSA）来评估服务器的安全性。

MBSA 是一个扫描多种 Microsoft 产品的不安全配置的工具，包括 SQL Server 和 Microsoft SQL Server 2000 Desktop Engine（MSDE 2000）。它可以在本地运行，也可以通过网络运行。该工具针对 SQL Server 安装时可能遇到的一些问题进行检测，如过多的 sysadmin(system administrator，系统管理员)固定服务器角色成员、授予 sysadmin 以外的其他角色创建 CmdExec 作业的权利、空的或简单的密码、脆弱的身份验证模式、授予管理员组过多的权利、SQL Server 数据目录中不正确的访问控制表（Access Control List，ACL）、安装文件中使用纯文本的密码、授予 guest 账户过多的权利、在同时是域控制器的系统中运行 SQL Server、所有人（Everyone）组的不正确配置、提供对特定注册表键的访问、SQL Server 服务账户的不正确配置、没有安装必要的服务包和安全更新等。

③ 使用 Windows 身份验证模式。

在任何可能的时候，都应该对指向 SQL Server 的连接要求 Windows 身份验证。它通过限制对用户和域用户账户的连接，保护 SQL Server 免受大部分 Internet 工具的侵害，而且服务器也将从 Windows 安全增强机制中获益，例如更强的身份验证协议及强制的密码复杂性和过期时间。另外，凭证委派（在多台服务器间桥接凭证的能力）也只能在 Windows 身份验证模式中使用。

④ 隔离用户的服务器，并定期备份。

物理和逻辑上的隔离组成了 SQL Server 安全性的基础。驻留数据库的机器应该处于一个从物理形式上受到保护的地方，最好是一个上锁的机房，配备有洪水检测及火灾检测/消防系统。数据库应该安装在企业内部网的安全区域中，不要直接连接到 Internet。定期备份所有数据，并将副本保存在安全的站点外地点。

⑤ 分配一个强健的密码。

账户应该拥有一个强健的密码，这将保证在以后服务器被重新配置为混合模式身份验证时不会出现空白或脆弱的账户。

⑥ 限制 SQL Server 服务的权限。

SQL Server 2000 的每个服务必须与一个 Windows 账户相关联，并从这个账户中衍生出安全性上下文。这些操作系统调用是由拥有服务器进程的账户的安全性上下文来创建的。如果服务器被攻破了，那么这些操作系统调用可能被利用来向其他资源进行攻击，只有拥有过程的 SQL Server 服务账户可以对其进行访问。

⑦ 在防火墙上禁用 SQL Server 端口。

SQL Server 的默认安装将监视 TCP 端口 1433 及 UDP 端口 1434。配置防火墙来过滤掉到达这些端口的数据包,而且还应该在防火墙上阻止与指定实例相关联的其他端口。

⑧ 使用最安全的文件系统。

NTFS 是最适合安装 SQL Server 的文件系统。它比 FAT 文件系统更稳定且更容易恢复,而且它还包括一些安全选项,例如文件和目录 ACL 及文件加密(EFS)。在安装过程中,如果侦测到 NTFS,SQL Server 将在注册表键和文件上设置合适的 ACL,不应该去更改这些权限。

⑨ 删除或保护旧的安装文件。

SQL Server 安装文件可能包含由纯文本或简单加密的凭证和其他在安装过程中记录的敏感配置信息。这些日志文件的保存位置取决于所安装的 SQL Server 版本。在 SQL Server 2000 中,下列文件可能受到影响:默认安装时＜systemdrive＞:\Program Files\ Microsoft SQL Server\MSSQL\Install 文件夹中,以及指定实例的＜systemdrive＞:\ Program Files\Microsoft SQL Server\MSSQL＄＜Instance Name＞\Install 文件夹中的 sqlstp.log、sqlsp.log 和 setup.iss。

如果当前的系统是从 SQL Server 7.0 安装升级而来的,那么还应该检查下列文件:%Windir%文件夹中的 setup.iss 及 Windows Temp 文件夹中的 sqlsp.log。

Microsoft 发布了一个免费的实用工具 Killpwd,它将从系统中找到并删除这些密码。

⑩ 审核指向 SQL Server 的连接。

SQL Server 可以记录事件信息,用于系统管理员的审查。至少应该记录失败的 SQL Server 连接尝试,并定期地查看这个日志。在可能的情况下,不要将这些日志和数据文件保存在同一个硬盘上。

3) Oracle

Oracle 是以高级结构化查询语言为基础的大型关系数据库。通俗地说,它是用方便逻辑管理的语言操纵大量有规律数据的集合,是目前最流行的客户端/服务器(C/S)体系机构的数据库之一。

Oracle 系统的特点主要有:

(1) Oracle 7.x 以来引入了共享 SQL 和多线索服务器体系结构。这减少了 Oracle 的资源占用,并增强了 Oracle 的能力,使之在低档软硬件平台上用较少资源就可以支持更多的用户,而在高档平台上支持成百上千个用户。

(2) 提供了基于角色分工的安全保密管理。在数据库管理功能、完整性检查、安全性、一致性方面都有良好的表现。

(3) 支持大量多媒体数据,如二进制图形、声音、动画及多维数据结构等。

(4) 提供了与第三代高级语言的接口软件 PRO 系列,能在 C、C++ 等主语言中嵌入 SQL 语句及过程化(PL/SQL)语句,对数据库中的数据进行操纵。加上它有优秀的前台开发工具,如 PowerBuilder、SQL Informix 和 Visual Basic 等,可以快速开发生成基于客户端 PC 平台的应用程序,并具有良好的移植性。

(5) 提供新的分布式数据库能力,可通过网络较方便地读写远端数据库里的数据,并有对称复制的技术。

3. 数据库管理系统的选择原则

选择数据库管理系统时应从以下几个方面予以考虑：

（1）构造数据库的难易程度。

需要分析数据库管理系统有没有范式的要求，即是否必须按照系统所规定的数据模型分析现实世界，建立相应的模型；数据库管理语句是否符合国际标准，符合国际标准则便于系统的维护、开发、移植；有没有面向用户的易用的开发工具；所支持的数据库容量，数据库的容量特性决定了数据库管理系统的使用范围。

（2）程序开发的难易程度。

有无计算机辅助软件工程工具。计算机辅助软件工程（Computer Aided Software Engineering，CASE）工具可以帮助开发者根据软件工程的方法提供各开发阶段的维护、编码环境，便于复杂软件的开发与维护。有无第四代语言的开发平台。第四代语言具有非过程语言的设计方法，用户不需编写复杂的过程性代码，易学、易懂、易维护。有无面向对象的设计平台。面向对象的设计思想十分接近人类的逻辑思维方式，便于开发和维护。有无对多媒体数据类型的支持。多媒体数据需求是今后发展的趋势，支持多媒体数据类型的数据库管理系统必将减少应用程序的开发和维护工作。

（3）数据库管理系统的性能分析。

数据库管理系统的性能分析包括性能评估（响应时间、数据单位时间吞吐量）、性能监控（内外存使用情况、系统输入输出速率、SQL语句的执行、数据库元组控制）和性能管理（参数设定与调整）等。

（4）对分布式应用的支持。

分布式应用包括数据透明与网络透明程度。数据透明是指用户在应用中不需指出数据在网络中的什么节点上，数据库管理系统可以自动搜索网络，提取所需数据；网络透明是指用户在应用中无需指出网络所采用的协议。数据库管理系统自动将数据包转换成相应的协议数据。

（5）并行处理能力。

支持多CPU模式的系统（SMP、CLUSTER、MPP），负载的分配形式，并行处理的颗粒度、范围。

（6）可移植性和可扩展性。

可移植性是指垂直扩展和水平扩展能力。垂直扩展要求新平台能够支持低版本的平台，数据库的客户端/服务器机制支持集中式管理模式，这样保证用户以前的投资和系统；水平扩展要求满足硬件上的扩展，支持从单CPU模式转换成多CPU并行机模式（SMP、CLUSTER、MPP）。

（7）数据完整性约束。

数据完整性是指数据的正确性和一致性保护，包括实体完整性、参照完整性和复杂的事务规则。

（8）并发控制功能。

对于分布式数据库管理系统，并发控制功能是必不可少的。因为它面临的是多任务分布环境，可能会有多个用户点在同一时刻对同一数据进行读或写操作，为了保证数据的一致性,需要由数据库管理系统的并发控制功能来完成。

(9) 容错能力。

异常情况下对数据的容错处理。评价标准：硬件的容错,有无磁盘镜像处理功能软件的容错,有无软件方法。

(10) 安全性控制。

安全性主要指安全保密的程度(账户管理、用户权限、网络安全控制、数据约束)。

(11) 支持多种文字处理能力。

支持多种文字处理能力包括数据库描述语言的多种文字处理能力(表名、域名、数据)和数据库开发工具对多种文字的支持能力。

(12) 数据恢复的能力。

当突然停电、出现硬件故障、软件失效、病毒或严重错误操作时,系统应提供恢复数据库的功能,如定期转存、恢复备份、回滚等,使系统有能力将数据库恢复到损坏以前的状态。

3.2.3 网站系统平台

在选好网站的硬件和软件平台后,搭建网站系统平台就需要安装网络操作系统及配置服务器。

1. 网络操作系统的安装

下面以安装 Windows Server 2003 Enterprise Edition(SP1)系统为例来介绍安装方法。具体安装方法如下：

(1) 将 Windows Server 2003 安装光盘放入光驱启动计算机,当屏幕中出现"Press any key to boot from CD······"提示信息时,按任意键从光盘启动。安装程序开始装载必要的安装设置文件。进入安装程序欢迎页面,如图 3-5 所示。屏幕提示用户按 Enter 键开始安装系统,按 F3 键退出安装,按 Enter 键继续。

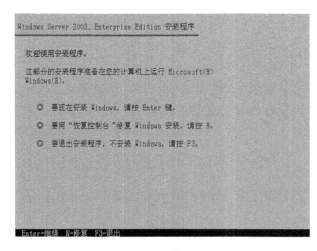

图 3-5 安装程序欢迎页面

（2）打开"Windows 授权协议"页面，如图 3-6 所示。按 F8 键同意协议并继续安装。

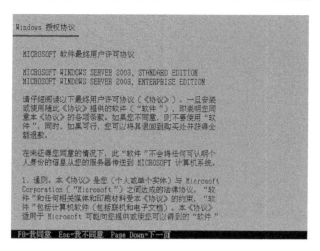

图 3-6 "Windows 授权协议"页面

（3）安装程序开始收集计算机上的安装信息，如图 3-7 所示。要求用户选择安装 Windows Server 2003 的硬盘分区。默认选中硬盘中的第一个分区（即 C:盘），用户可以按 "方向键"选中合适的分区，按 Enter 键继续。

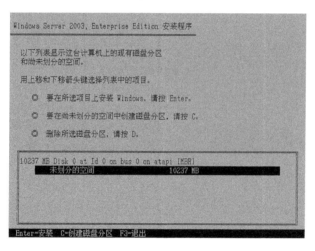

图 3-7 用户选择安装 Windows Server 2003 的硬盘分区

（4）进入"磁盘格式化"页面，如图 3-8 所示。安装程序提示用户使用哪种文件格式来格式化分区。可供选择的有"NTFS 分区格式"和"FAT 分区格式"。鉴于 NTFS 文件系统可以拥有更高效的磁盘利用率和安全性能，因此选中"用 NTFS 文件系统格式化磁盘分区"选项并按 Enter 键。

（5）安装程序开始格式化磁盘分区，格式化完毕后自动进入文件复制页面，如图 3-9 所示。安装程序开始将文件复制到 Windows 安装文件夹，复制过程所需时间较长。

（6）文件复制完毕后，安装程序将在 15s 后自动重新启动计算机。也可按 Enter 键立即重启，如图 3-10 所示。

（7）重新启动计算机，可以看到 Windows Server 2003 的启动画面。

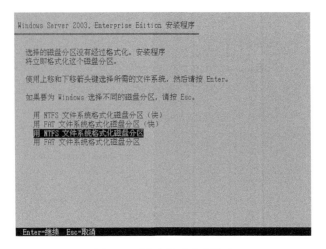

图 3-8　"磁盘格式化"页面

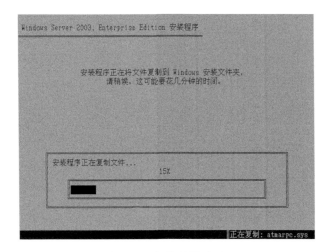

图 3-9　文件复制页面

图 3-10　系统重新启动

（8）系统启动至 Windows 界面的安装屏幕，如图 3-11 所示。并开始检测和安装硬件设备，如图 3-12 所示。在此过程中会出现屏幕抖动和黑屏，这属于正常现象。此过程所需时间比较长。

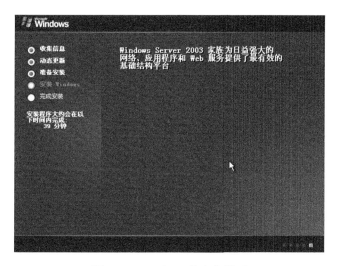

图 3-11 Windows 的安装界面

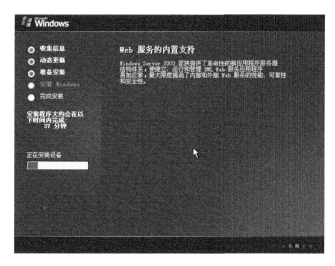

图 3-12 检测和安装硬件设备

（9）完成设备安装后打开"区域和语言选项"对话框，如图 3-13 所示。用户可以选择设置输入法等项目。一般保持默认设置，单击"下一步"按钮。

（10）打开"自定义软件"对话框，如图 3-14 所示。按 Ctrl＋Shift 组合键激活中文输入法，然后输入用户姓名和工作单位，并单击"下一步"按钮。

（11）打开"您的产品密钥"对话框，如图 3-15 所示。要求输入 Windows Server 2003 的合法产品密钥，只有正确输入安装密钥后才能进行下一步操作。一般可以在产品授权书中找到密钥，输入密钥后单击"下一步"按钮。

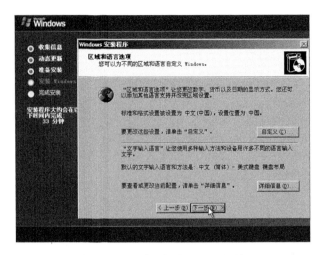

图 3-13 "区域和语言选项"对话框

图 3-14 "自定义软件"对话框

图 3-15 "您的产品密钥"对话框

（12）打开"授权模式"对话框，如图 3-16 所示。安装程序要求用户指定希望使用的授权模式。对于单机用户而言，保持默认设置即可。如果局域网中存在多台 Windows Server 2003 服务器，则应该选中"每设备或每用户。"单选按钮。本例保持"每服务器。同时连接数："单选按钮的选中状态，并单击"下一步"按钮。

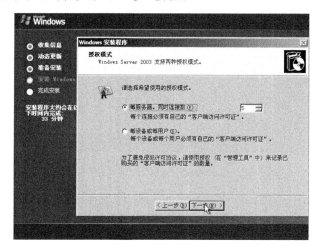

图 3-16 "授权模式"对话框

（13）打开"计算机名称和管理员密码"对话框，如图 3-17 所示。需要设置计算机名称和系统管理员密码。需要注意的是，计算机名称的长度不能超过 64 个字符，建议在 15 个字符以内，且该名称在网络中具有唯一性。另外，系统允许最多使用 14 个字符作为密码，且区分大小写。如果在输入管理员密码的时候设置太简单，系统会提示输入的密码不符合强密码的条件，如图 3-18 所示。如果执意要用这个密码，可以单击"是"按钮继续下面的安装；如果单击"否"按钮则重新设置密码。设置的密码应当妥善保存。设置完毕单击"下一步"按钮。

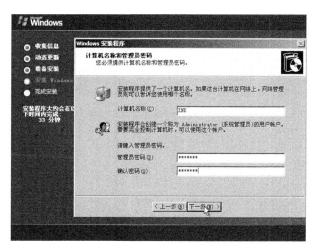

图 3-17 "计算机名称和管理员密码"对话框

（14）打开"日期和时间设置"对话框，调整计算机系统的日期、时间和时区。"时区"选项一般保持默认设置即可，单击"下一步"按钮。

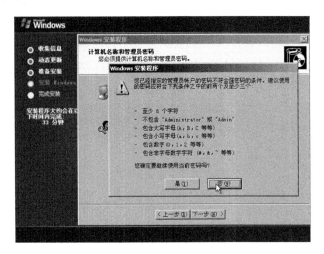

图 3-18　提示输入的密码不符合强密码的条件

（15）安装程序开始安装网络组件和网络设备，以使该计算机可以上网。

（16）打开"网络设置"对话框，如图 3-19 所示。一般用户只需选中"典型设置"单选按钮，然后在完成安装后作进一步的调整。当然，如果需要也可以选中"自定义设置"单选按钮，单击"下一步"按钮。

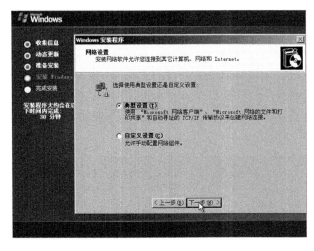

图 3-19　"网络设置"对话框

（17）打开"工作组或计算机域"对话框，如图 3-20 所示。可以设置该计算机隶属于哪个工作组或域。这些设置只有在局域网环境才有效，一般用户只需保持默认设置。单击"下一步"按钮。

（18）在后面的安装过程中，安装程序将安装"开始"菜单等系统组件，并对这些组件进行注册。安装设置工作将由安装程序自动完成，最后删除临时文件并重新启动计算机。

（19）再次重新启动计算机，出现 Windows Server 2003 的启动界面，如图 3-21 所示。

（20）按 Ctrl＋Alt＋Delete 组合键，进入用户登录界面，如图 3-22 所示。系统默认输入了系统管理员的账户名称 Administrator，用户需要在"密码"文本框中输入事先设置的系统管理员密码，单击"确定"按钮。

图 3-20 "工作组或计算机域"对话框

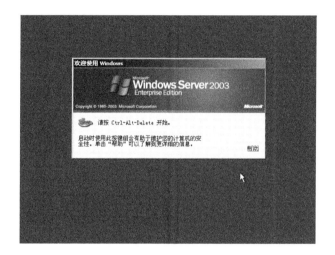

图 3-21 Windows Server 2003 的启动界面

图 3-22 用户登录界面

（21）登录 Windows Server 2003 系统桌面，自动打开"管理您的服务器"窗口，如图 3-23 所示。至此，已经成功安装了 Windows Server 2003 系统。

图 3-23 "管理您的服务器"窗口

2．服务器的配置

服务器配置是指根据行业的实际需求，针对安装有网络操作系统的服务器设备进行软件或硬件的相应设置与操作，从而实现行业的业务活动需求。

网站系统平台中服务器的配置主要是指 Web 服务器的配置。Web 服务器即网页服务器。当 Web 浏览器（客户端）连到服务器上并提出请求时，服务器将处理该请求并将文件发送到该浏览器上，附带的信息会告诉浏览器如何查看该文件（即文件类型）。服务器使用 HTTP（超文本传输协议）进行信息交流。

Web 服务器不仅能够存储信息，还能在用户通过 Web 浏览器提供信息的基础上运行脚本和程序。

（1）Web 服务器的安装。

在安装 Windows Server 2003 时，系统会自动安装"Internet 信息服务（IIS）管理器"。如果没有安装，可以通过下面两种方法进行安装。

方法一：选择"开始"→"设置"→"控制面板"命令，打开"控制面板"窗口，双击"添加或删除程序"选项，打开"添加或删除程序"窗口，单击"添加/删除 Windows 组件"按钮，如图 3-24 所示。

在弹出的"Windows 组件"对话框中选中"应用程序服务器"复选框，单击"详细信息"按钮，在弹出的"应用程序服务器"对话框中选中"Internet 信息服务（IIS）"复选框，单击"详细

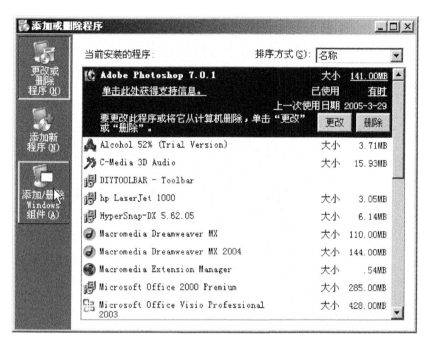

图 3-24 Windows 安装组件

信息"按钮,在弹出的"Internet 信息服务(IIS)"对话框中选中"万维网服务"复选框,单击"确定"按钮,然后单击"下一步"按钮,系统提示放入 Windows Server 2003 的安装光盘,放入后单击"确定"按钮,系统会从光盘复制一些有关文件进行安装,最后单击"完成"按钮,完成 Windows Server 2003 Web 服务器的安装。

方法二:选择"开始"→"程序"→"管理工具"→"管理您的服务器"命令,在弹出的"管理您的服务器向导"界面上单击"添加或删除角色",系统弹出"预备步骤"对话框,单击"下一步"按钮,系统会弹出"服务器角色"对话框,如图 3-25 所示,在该对话框中选择"应用程序服务器(IIS,ASP. NET)"选项,单击"下一步"按钮,然后单击"完成"按钮,完成 IIS 的添加。

(2)Web 服务器的启动。

选择"开始"→"管理工具"→"Internet 信息服务(IIS)管理器"命令,如图 3-26 所示,即可打开 IIS 控制台。在"网站"节点下选中要启动的网站,单击图 3-27 中椭圆框内的小黑三角按钮即可启动 Web 服务器。

(3)Web 服务器属性的设置。

在对各项服务设置前,应先设置主机的 IP 地址,方法如下:在桌面上用鼠标右击"网上邻居"图标,从弹出的快捷菜单中选择"属性"选项,弹出"网络连接"对话框,右击"本地连接"图标,从弹出的快捷菜单中选择"属性"选项,弹出"本地连接属性"对话框,选择"常规"选项卡,在"此连接使用下列项目"选择项中选中"Internet 协议(TCP/IP)",单击"属性"按钮,弹出"Internet 协议(TCP/IP)属性"对话框,选中"使用下面的 IP 地址:"单选按钮,即可手动设置计算机 IP 地址,如图 3-28 所示。最后单击"确定"按钮完成 IP 地址的设置。

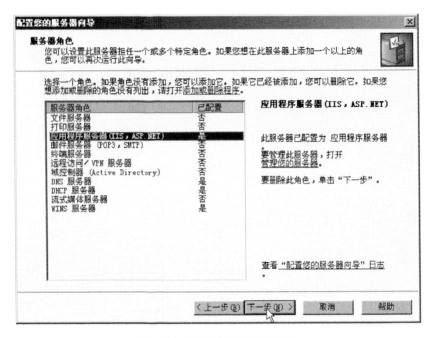

图 3-25　"服务器角色"对话框

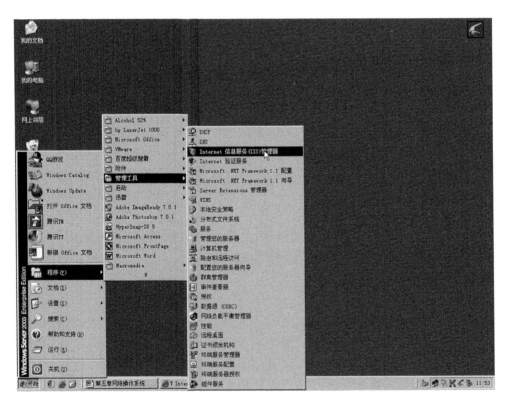

图 3-26　Web 服务器的启动

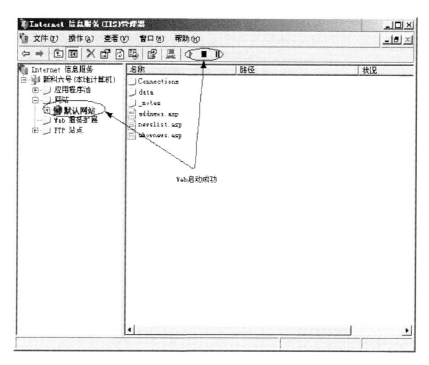

图 3-27 "Internet 信息服务(IIS)管理器"窗口

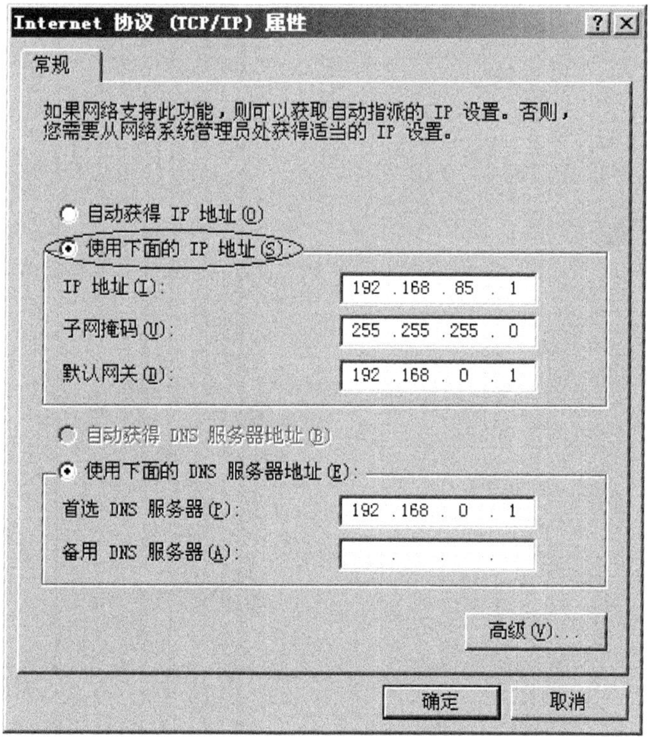

图 3-28 IP 地址的设置

对 Web 的设置主要是对 Web 站点的属性设置,让 Web 服务器高效、安全地工作。用鼠标右键单击预置的 Web 站点,从弹出的快捷菜单中选择"属性"选项,如图 3-29 所示。

图 3-29 "属性"选项

打开网站的属性设置对话框,如图 3-30 所示。

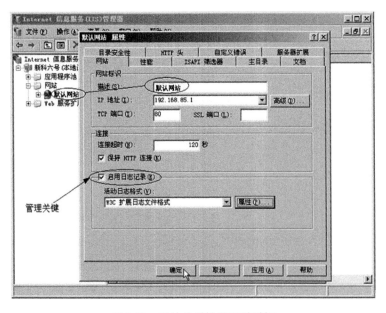

图 3-30 网站的属性设置对话框

对于一般用户，只需要把"网站"、"主目录"和"文档"设置好即可很好地工作。

① 对"网站"的设置。在弹出的属性对话框中选择"网站"选项卡，对 Web 站点进行设置，包括"描述"、"IP 地址"、"TCP 端口"和"日志"等。

"IP 地址"表示建立的 Web 站点主机的 IP 地址，当 Web 站点建好后，直接在 IE 的地址栏中输入该 IP 地址和端口地址，就可以访问该 Web 站点上的信息。平时上网时都没有输入端口是因为都使用了默认端口(80)。

作为服务器，是为用户服务的，服务器要正常地工作，就需要有完全可靠的设置作为保障，日志是计算机的门卫、守护神。它能记录用户的每一步操作，当网络出现问题时，日志是分析问题、解决问题的关键。Windows Server 2003 Web 服务器提供了极强的日志查询功能，方便用户管理和维护。日志记录属性窗口如图 3-31 所示。用户可以选择日志的存储格式、存储位置、存储时间和存储方式等。

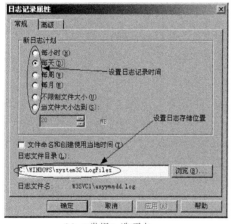

(a) "常规"选项卡　　　　　　　　　(b) "高级"选项卡

图 3-31　日志记录属性

② 对"主目录"的设置。主目录即用户所做的网页存放的位置(是一个绝对路径)，可以是在这台计算机上，也可以是在另一台计算机上，还可以是一个重定向的 URL(统一资源地址)，如图 3-32 所示。

其中"本地路径"是在 I:\znkweb 目录下，一般系统默认是在 C:\Inetpub\wwwroot 下。为了 Web 服务器的安全，建议用户只选中"脚本资源访问"和"读取"复选框即可。特别是"写入"复选框的选中与否，对系统的安全性尤为重要。

③ 对"文档"的设置。平常在上网的时候无须在地址栏中输入文件名，系统会自动打开一个页面，这就是 Web 属性中"文档"所实现的功能，详细设置如图 3-33 所示。

(4) 网站虚拟目录。

Web 服务器中虚拟目录需要在主目录的基础上进行创建。

① 选择"开始"→"管理工具"→"Internet 信息服务(IIS)管理器"命令，打开"Internet 信息服务(IIS)管理器"窗口。在左窗格中依次展开"服务器"→"网站"目录，右击 Web 站点名称，在弹出的快捷菜单中选择"新建"→"虚拟目录"命令。

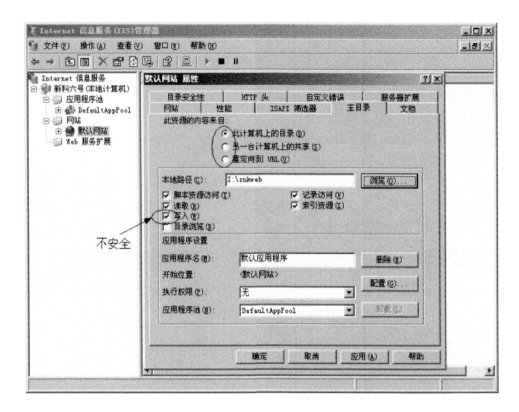

图 3-32 默认网站属性——"主目录"选项卡

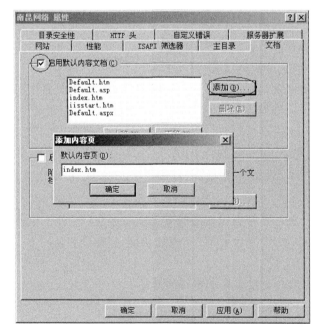

图 3-33 默认网站属性——"文档"选项卡

② 在打开的"虚拟目录创建向导"中单击"下一步"按钮,打开"虚拟目录别名"对话框。然后在"别名"文本框中输入一个能够反映该虚拟目录用途的名称(如 MsserverBook),并单击"下一步"按钮。

③ 打开"网站内容目录"对话框,在此处需要指定虚拟目录所在的路径。单击"浏览"按钮,在本地磁盘或网上邻居中选择目标目录,虚拟目录与网站的主目录可以不在一个分区或物理磁盘中。单击"确定"按钮,然后再单击"下一步"按钮。

④ 在打开的"虚拟目录访问权限"对话框中,可以设置该虚拟目录准备赋予用户的访问权限。用户可以根据实际需要设置合适的权限,并单击"下一步"按钮。

⑤ 打开完成创建虚拟目录对话框,单击"完成"按钮关闭虚拟目录创建向导。

第 4 章　网页设计基础

要设计网页,首先要了解和掌握相关的软件,Dreamweaver CS5 是目前业界最流行的网页制作与网站开发工具,利用这款软件可以方便快捷地设计出内容丰富、功能齐全的网页。

4.1　初识 Dreamweaver CS5

Dreamweaver CS5 是一款集网页制作和管理网站于一身的所见即所得的网页编辑器,是第一套针对专业网页设计师特别研发的视觉化网页开发工具,利用它可以轻而易举地制作出跨越平台限制和跨越浏览器限制的充满动感的网页。

4.1.1　Dreamweaver CS5 界面

Dreamweaver CS5 安装后,它会自动在 Windows 的菜单中创建程序组。首次启动 Dreamweaver CS5 时将显示 Dreamweaver 的"欢迎"界面,这个界面允许快速访问最近的页面、轻松创建广泛的页面类型,以及直接连接到多个关键的帮助主题,如图 4-1 所示。

图 4-1　Dreamweaver 的"欢迎"界面

该"欢迎"界面可以被隐藏,并在以后可以再显示。当"欢迎"界面被隐藏且没有打开任何文档时,"文档"窗口处于空白状态。

隐藏"欢迎"界面:选中"欢迎"界面上的"不再显示"复选框。

显示"欢迎"界面:选择"编辑"→"首选参数"命令,在弹出的"首选参数"对话框中选择"常规"类别,选中"显示欢迎界面"选项。

"欢迎"界面常用于打开最近使用过的文档或创建新文档,还可以从"欢迎"界面通过产品介绍或教程了解关于 Dreamweaver 的更多信息。

通过 Dreamweaver 的"欢迎"界面快速创建常用的项目文档时,可以选择界面中"新建"类别下的 HTML 选项,打开其工作区界面,如图 4-2 所示。

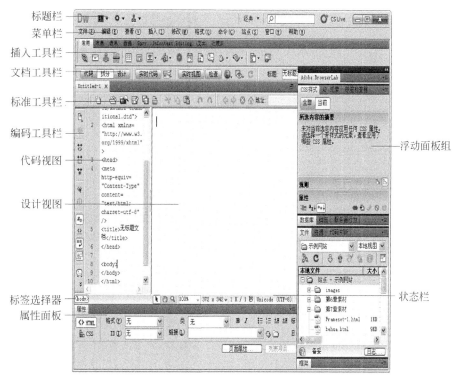

图 4-2 Dreamweaver CS5 工作区界面

在 Dreamweaver 工作区可以查看文档和对象属性,工作区还将许多常用操作放置于工具栏中,可以快速更改文档。在 Windows 中,Dreamweaver 提供了一个将全部元素置于一个窗口中的集成布局,在集成的工作区中,全部窗口和面板都被集成到一个更大的应用程序窗口中。Dreamweaver 还可显示一个浮动工作区,其中的每个文档都显示在它自己的单独窗口中。面板组停靠在一起,调整面板大小或显示和隐藏面板会自动调整主文档大小。

工作区中主要包括以下元素:标题栏、菜单栏、插入工具栏、文档工具栏、编码工具栏、代码视图窗口、设计视图窗口、CS Live、浮动面板组、标签选择器、状态栏和属性面板等。

1. 标题栏

标题栏位于 Dreamweaver CS5 工作区界面的顶部,包含工作区切换器、应用程序控件和 CS Live 等。

2．菜单栏

菜单栏是进行网页操作的一些命令的集合。Dreamweaver CS5 主要包括 10 个菜单,其功能如表 4-1 所示,使用菜单栏基本上可以实现程序的所有功能。

表 4-1　Dreamweaver CS5 菜单的功能

菜 单 名 称	功　　能
文件	用来管理文件。如新建、打开、保存文件,导入和导出等
编辑	用来编辑文本。如剪切、复制、粘贴及首选参数等
查看	用来切换视图模式及显示/隐藏标尺、辅助线等功能
插入	用来插入各种元素。如图像、表格和表单等
修改	用来实现对页面的修改。如在表格中拆分/合并单元格等
格式	用来设置文本的操作。如设置文本的格式等
命令	收集了所有的附加命令项
站点	用来创建和管理站点
窗口	用来显示/隐藏面板等
帮助	实现联机帮助功能

3．插入工具栏

插入工具栏可以在制作网页过程中快速插入网页元素,如插入图像、Flash、表格和 Div 等,单击插入栏上方的选项卡可以在各插入栏间切换,单击插入栏中的按钮即可执行相应的命令。

4．文档工具栏

文档工具栏主要进行文档的工作布局切换、预览等操作,其中包含一些按钮,分别提供各种"文档"窗口视图(如"设计"视图和"代码"视图)的选项、各种查看选项和一些常用操作。

- "代码"按钮:在"文档"窗口中以"代码"视图方式进行显示。
- "拆分"按钮:将"文档"窗口拆分为"代码"视图和"设计"视图。
- "设计"按钮:在"文档"窗口中以"设计"视图方式进行显示。若处理的是 XML、JavaScript、Java、CSS 或其他基于代码的文件类型,则不能在"设计"视图中查看文件,而且"设计"和"拆分"按钮将会变暗。
- "实时视图"按钮:显示不可编辑的、交互式的、基于浏览器的文档视图。
- "实时代码"按钮:显示浏览器用于执行该页面的实际代码。
- 文档"标题"区域:允许为文档输入一个标题,它将显示在浏览器的标题栏中。如果文档已经有了一个标题,则该标题将显示在该区域中。
- "文件管理"按钮 ：弹出"文件管理"的快捷菜单。
- "在浏览器中预览/调试"按钮 ：允许在浏览器中预览或调试文档,从弹出菜单中可以选择一种浏览器。

- "刷新设计视图"按钮 ：在"代码"视图中对文档进行更改后,刷新文档的"设计"视图。在执行某些操作(如保存文件或单击该按钮)之后,在"代码"视图中所做的更改才会自动显示在"设计"视图中。
- "可视化助理"按钮 ：使用各种可视化助理来设计页面。
- "检查浏览器兼容性" 按钮 ：用于检查 CSS 是否对于各种浏览器均兼容。

5. 标准工具栏

标准工具栏中包括"新建"、"打开"、"在 Bridge 中浏览"、"保存"、"全部保存"、"打印代码"、"剪切"、"复制"、"粘贴"、"撤销"和"重做"等按钮。标准工具栏在默认工作区布局中不显示,若要显示标准工具栏,则选择"查看"→"工具栏"→"标准"命令。

6. 编码工具栏

编码工具栏仅在"代码"视图中显示,包含可用于执行多项标准编码操作的按钮,例如折叠和展开所选代码、高亮显示无效代码、应用和删除注释、缩进代码、插入最近使用过的代码片断等。

7. 设计视图

设计视图是一个用于可视化页面布局、可视化编辑和快速应用程序开发的设计环境。在该视图中,Dreamweaver 显示文档的完全可编辑的可视化表示形式。

8. 代码视图

代码视图是一个用于编写和编辑 HTML、JavaScript、服务器语言代码(如 PHP 或 ColdFusion 标记语言——CFML),以及任何其他类型代码的手工编码环境。

9. 标签选择器

标签选择器位于"文档"窗口底部的状态栏中,显示当前选定内容的标签的层次结构,单击该层次结构中的任何标签可以选择该标签及其全部内容。

10. 状态栏

状态栏用于显示文档缩放大小、当前对象的大小等信息,包含选取工具、手形工具、缩放工具、设置缩放比率、窗口大小弹出菜单、文档大小和估计的下载时间、编码指示器等。单击状态栏右侧的"手形工具"按钮 后,将光标移动到设计视图的编辑窗口中,按下鼠标左键进行上、下、左、右拖动,可以很方便地查看网页不同部分的内容;单击"缩放工具"按钮 ，将光标移动到设计视图的编辑窗口中单击,可以放大编辑窗口中的内容,多次单击则逐步放大,如果要进行缩小操作,需要按住 Alt 键的同时再单击鼠标左键,多次单击则可以逐步缩小。

11. 属性面板

属性面板用于查看和更改所选对象或文本的各种属性。每个对象具有不同的属性,选取的对象不同,属性面板的参数设置项目也不同。默认情况下,属性面板位于工作区的底部,可以将其取消停靠并使其成为工作区中的浮动面板。

12.浮动面板组

浮动面板组是停靠在编辑窗口右侧的浮动面板的集合,帮助实现监控和修改工作。例如,"插入"面板、"CSS 样式"面板和"文件"面板等。可以通过选择"窗口"菜单中的相应命令来显示或关闭对应的面板,其中的"文件面板"主要用于管理文件和文件夹,无论是Dreamweaver 站点的一部分还是位于远程服务器上。"文件面板"还可以访问本地磁盘上的全部文件,类似于 Windows 资源管理器。"CSS 样式"面板可以跟踪影响当前所选页面元素的 CSS 规则和属性("当前"模式)或影响整个文档的规则和属性("全部"模式)。使用"CSS 样式"面板顶部的切换按钮可以在两种模式之间切换。使用"CSS 样式"面板还可以在"全部"和"当前"模式下修改 CSS 属性。

4.1.2　功能特色

Dreamweaver CS5 使设计开发人员能构建基于标准的网站,在兼容 Dreamweaver CS4的各种应用的基础上新增了很多功能。Dreamweaver CS5 的新增功能主要有:由于同新的Adobe CS Live 在线服务 Adobe BrowserLab 集成,可以使用 CSS 检查工具进行设计;使用内容管理系统进行开发并实现快速、精确的浏览器兼容性测试;集成 CMS 支持、CSS 检查、PHP 自定义类代码提示、增强的 Subversion 支持等。

4.2　创建和管理站点

在使用 Dreamweaver CS5 设计网站的过程中创建站点是很重要的一步,站点能够管理、组织所有与网站相关联的文档,会自动将所有资源(如 HTML 文档、图片、动画、声音和程序等)都保存到网站文件夹中,从而保证网站发布后网页能正常运行。

4.2.1　创建站点

在 Dreamweaver CS5 中使用本地(Local)站点,它存储在硬盘驱动器上的一个文件夹中,当准备好发布站点时,再把完成的文件上传到远程(Remote)站点,它存储在 Web 主机服务器上。这两个站点的文件夹结构和文件实质上是彼此之间的镜像。

1.本地站点的创建方式

本地站点的创建方式主要有以下几种:

(1) 通过 Dreamweaver 的"欢迎"界面创建本地站点。

在"欢迎"界面中选择"新建"下方的"Dreamweaver 站点"选项,如图 4-3 所示。

(2) 通过"站点"菜单创建本地站点。

选择"站点"→"新建站点"命令,如图 4-4 所示。

图 4-3　"欢迎"界面中的新建站点

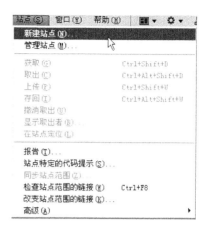

图 4-4　"站点"菜单中的"新建站点"命令

（3）通过"管理站点"对话框创建新站点。

选择"站点"→"管理站点"命令，弹出"管理站点"
对话框，如图 4-5 所示，在该对话框中单击"新建"按钮
即可。

2．创建本地站点

（1）在本地硬盘上新建一个文件夹或者选择一个
已经存在的文件夹作为"站点"，那么这个文件夹就是
本地站点的根目录。如果是新建的文件夹，这个站点
就是空的，否则这个站点就包含了已经存在的文件。

（2）选择"站点"→"新建站点"命令，或者选择"站
点"→"管理站点"命令，在"管理站点"对话框中单击"新建"按钮，打开"站点设置对象"对话
框，如图 4-6 所示。

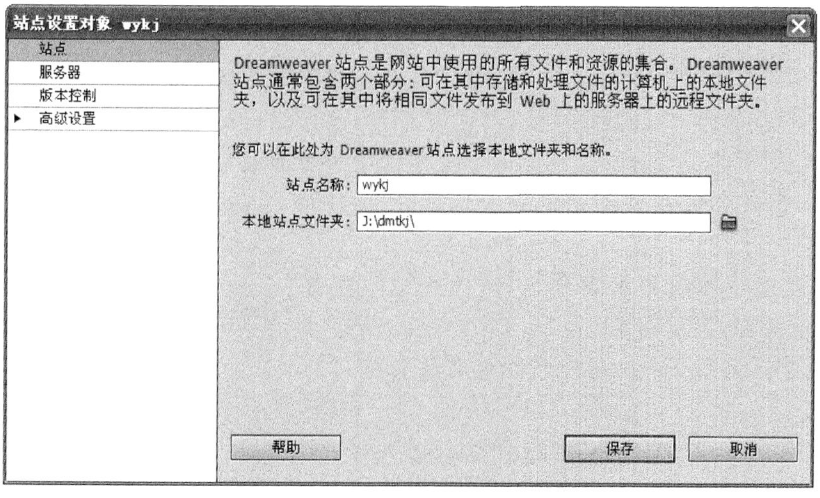

图 4-5　"管理站点"对话框

图 4-6　"站点设置对象"对话框

（3）选择"站点"项，在"站点名称"文本框中输入站点的名称。站点名称显示在站点面板中的站点下拉列表中。站点名称不会在浏览器中显示，因此可以使用喜欢的任何名称，最好选用英文字符。本例使用的站点名称为 wykj。

在"本地站点文件夹"文本框中输入一个路径和文件夹名，或者单击文本框右边的"文件夹"图标选择一个文件夹。如果本地根目录文件夹不存在，可以在"选择根文件夹"对话框中创建一个文件夹，然后再选择它。当 Dreamweaver CS5 在站点中决定相对链接时，是以此文件夹为标准的。

（4）选择"高级设置"→"本地信息"选项，如图 4-7 所示。

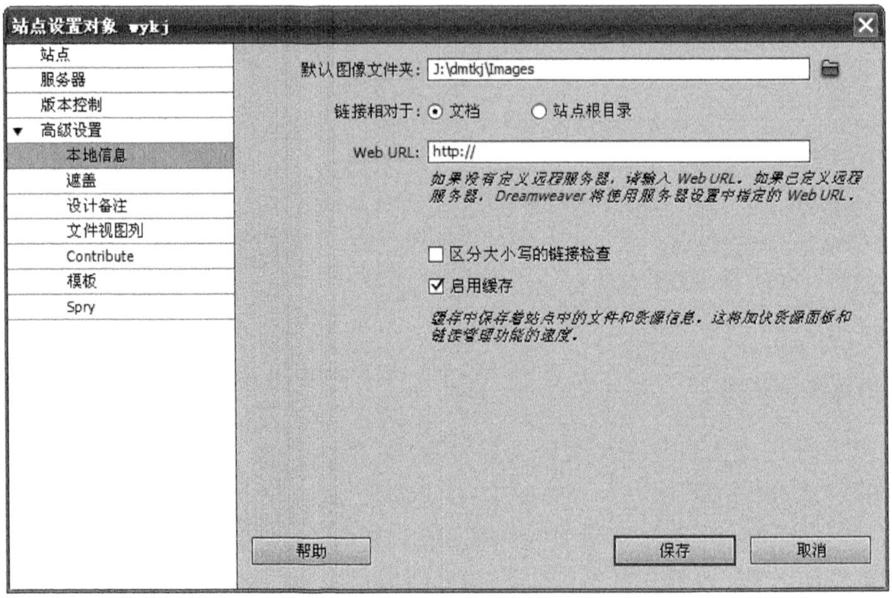

图 4-7　站点设置对象——本地信息

在"默认图像文件夹"文本框中设置站点图片存放的文件夹的默认位置。

在"链接相对于"选项组中默认选择"文档"单选按钮。

在 Web URL 文本框中输入网站完整的 URL。

选中"区分大小写的链接检查"复选框，在检查链接时会有字母大小写的区分，否则不区分字母大小写。

选中"启用缓存"复选框，会创建一个缓存以加快资源面板和链接管理功能的速度。否则，Dreamweaver CS5 在创建站点时会询问是否想创建一个缓存。

提示：其他项可以根据需要设置，也可以在选择"站点"→"管理站点"命令后，在"管理站点"对话框中单击"编辑"按钮，打开"站点设置对象"对话框进行设置。

（5）设置完毕，单击"保存"按钮。

（6）打开"文件"面板，可以看到刚才新创建的站点，如图 4-8 所示。

图 4-8　"文件"面板

（7）若还需创建其他站点，则重复上述步骤。

4.2.2 管理站点

对于已创建的站点，可以对站点的属性进行编辑，也可以根据需要对站点进行复制或删除，还可以在本地视图中快速查看或设置整个站点的结构和文件。

1. 编辑站点

操作步骤：选择"站点"→"管理站点"命令，弹出"管理站点"对话框，如图4-5所示。单击"编辑"按钮可打开"站点设置对象"对话框，如图4-6所示，在该对话框中重新进行设置，包括站点、服务器、版本控制和高级设置等。

2. 复制站点

复制站点是指复制站点的相关设置信息，站点文件夹并不会被复制。

操作步骤：选择"站点"→"管理站点"命令，弹出"管理站点"对话框，如图4-5所示。先在站点列表中选择要复制的站点，然后单击"复制"按钮，站点被复制，站点列表中出现复制的站点名称。

3. 删除站点

如果不再需要使用Dreamweaver CS5中的某个站点时，可以从站点列表中将该站点删除。当从列表中删除站点后，有关该站点的所有设置信息将永久丢失，但站点中的文件仍然存放在计算机的原来位置，并不会被删除。

操作步骤：选择"站点"→"管理站点"命令，弹出"管理站点"对话框，如图4-5所示。先在站点列表中选择要删除的站点名称，然后单击"删除"按钮，在弹出的警告对话框中单击"是"按钮即可确认删除。

4. 导入导出站点

在Dreamweaver的站点编辑中，可以将现有的站点导出为一个站点文件，也可以将站点文件导入为一个站点。导入、导出的作用在于保存和恢复站点与本地文件的连接关系。

操作步骤：选择"站点"→"管理站点"命令，弹出"管理站点"对话框，如图4-5所示。在站点列表中选择需要导出的站点，单击"导出"按钮，弹出"导出站点"对话框，选择导出路径，导出的站点文件扩展名是.ste，单击"保存"按钮即可导出站点文件。同理，导入站点是在"管理站点"对话框中单击"导入"按钮，弹出"导入站点"对话框，选中要导入站点的文件，单击"打开"按钮即可。如果Dreamweaver中已经有了一个与导入站点名相同的站点，则系统会提示对新导入的站点更改名称。

5. 站点视图

在Dreamweaver CS5的"文件"面板中可以组织和管理站点文件和文件夹。选择"窗口"→"文件"命令,可以打开或关闭"文件"面板,如图 4-9 所示,在"文件"面板中可以用"本地视图"、"远程服务器"和"测试服务器"等不同的方式管理和查看站点。

图 4-9　站点视图

第 5 章

网页基本操作

网页制作需要将文字、图像等内容进行合理的编排及设置相互的链接关系,本章将主要介绍如何在网页中加入文字、图像、超级链接、动画和视频等基本元素。

5.1 网页文件的基本操作

网页文件的基本操作主要包括新建网页、打开网页、保存网页、设置页面属性等。

5.1.1 新建网页

在 Dreamweaver CS5 中,通常可以通过下列两种方法创建空白网页。

(1)通过启动界面创建网页。

启动 Dreamweaver CS5 后,窗口中会出现一个初始界面,单击"新建"下面的 HTML 选项即可创建网页,如图 5-1 所示。

图 5-1　Dreamweaver CS5 初始界面

（2）通过文件菜单创建网页。

选择"文件"→"新建"命令，打开"新建文档"对话框，选择"空白页"下的 HTML 页面类型，单击"创建"按钮即可创建网页，如图 5-2 所示。

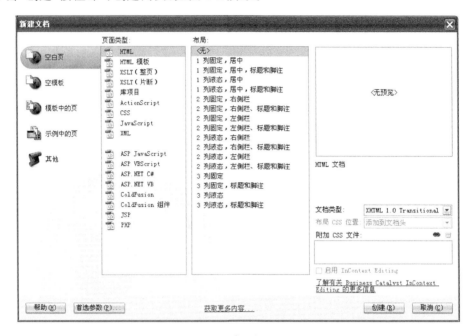

图 5-2 "新建文档"对话框

5.1.2 打开网页

打开网页的操作主要有以下几种方法：

（1）通过资源管理器。

在 Windows 操作系统的资源管理器中选中要打开的文件图标，单击鼠标右键，从弹出的快捷菜单中选择"打开方式"→Dreamweaver CS5 命令即可。

（2）通过启动界面。

启动 Dreamweaver CS5 后，单击"初始界面"中"打开最近项目"下面的选项可以打开文档，如图 5-1 所示。

（3）通过文件菜单。

选择"文件"→"打开"命令，打开"打开"对话框，选择要打开的文件，单击"打开"按钮即可。

5.1.3 保存网页

1. 保存网页

在 Dreamweaver CS5 中，保存指定文件的常用方法有以下几种：

（1）若在网页文件编辑区打开了多个文档窗口，应先切换到要保存文件的网页编辑窗口，再选择"文件"→"保存"命令或按 Ctrl＋S 组合键，保存文件。

说明：使用"保存"命令,在新建文件后第一次保存文件时会打开"另存为"对话框,而当该文档已保存过,或该文档为打开的已有文档时,单击"保存"命令只是将本次修改的内容补存进去,不会打开"另存为"对话框。

(2) 若希望当前文档以另外的路径或文件名保存时,可以选择"文件"→"另存为"命令,然后在"另存为"对话框中输入该文件的保存路径和名称,单击"保存"按钮即可。

(3) 在网页设计过程中,有时会同时打开多个文档窗口,编辑多个网页文件。若希望保存全部文件,可以选择"文件"→"保存全部"命令,则可保存所有打开的文件。若某些文件尚未保存过,则会打开"另存为"对话框,提示输入文件的路径和名称,然后单击"保存"按钮即可。

2. 命名原则

在保存网页时,命名的基本原则如下:

(1) 文件名中尽量不使用汉字,最好包含小写英文字母、数字和下划线。

(2) 文件名不要以数字开头。

(3) 不要在文件名中使用空格、标点符号(如冒号、斜杠或句号等)或特殊字符(如 * 、§ 、☆ 、@等)。

(4) 主页的文件名称通常设定为 index 或 default,如 index. htm、index. asp 或 default. htm、default. asp。

(5) 用尽量少的字符概括文件的主旨,不要过于冗长。

5.1.4 设置页面属性

对于 Dreamweaver CS5 中创建的每一页,都可以使用"页面属性"对话框来指定其布局和格式设置属性。可以为所创建的每个新页面指定新的页面属性,也可以修改现有页面的属性。

网页的基本属性包括以下几个方面:

1. 外观(CSS)

可指定页面中文本的字体、大小、颜色、背景颜色、背景图像及重复设置,以及页面上、下、左、右边距的设置,如图 5-3 所示。

2. 外观(HTML)

可指定背景图像、背景颜色、文本颜色、链接文本颜色、已访问链接文本颜色、活动链接文本颜色及页面上、左边距和宽度、高度设置,如图 5-4 所示。

3. 链接(CSS)

可指定链接文本的字体、大小、链接文本的颜色、变换图像链接文本颜色、已访问链接文本颜色、活动链接文本颜色及下划线样式等,如图 5-5 所示。

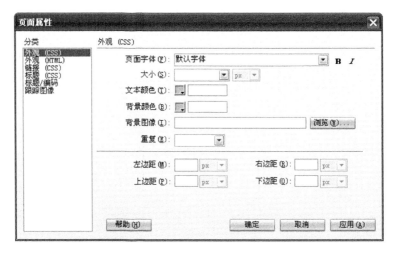

图 5-3 "页面属性"对话框——外观(CSS)

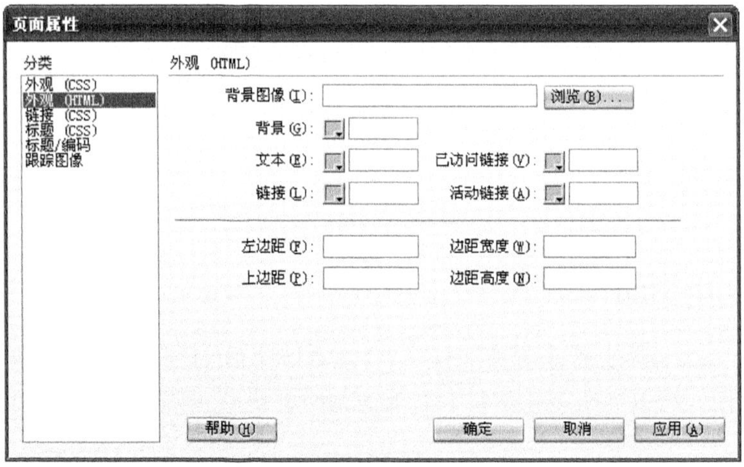

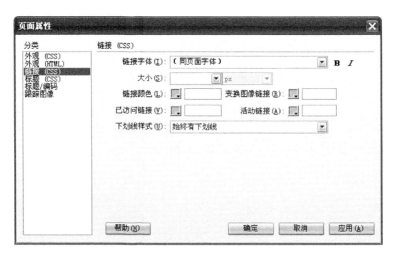

图 5-4 "页面属性"对话框——外观(HTML)

图 5-5 "页面属性"对话框——链接(CSS)

4．标题（CSS）

可指定在网页中使用的默认字体库及最多 6 种标题标签使用的字体大小和颜色,如图 5-6 所示。

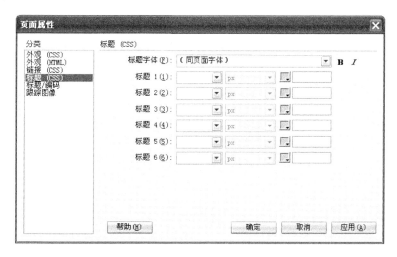

图 5-6　"页面属性"对话框——标题（CSS）

5．标题/编码

可指定在文档窗口和大多数浏览器窗口的标题栏中出现的页面标题,以及文档中字符所用的编码,如图 5-7 所示。

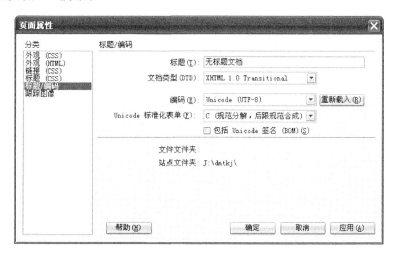

图 5-7　"页面属性"对话框——标题/编码

6．跟踪图像

可指定在复制设置时作为参考的图像和跟踪图像的透明度,如图 5-8 所示。

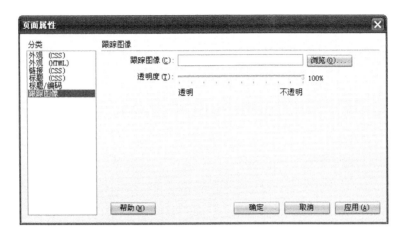

图 5-8 "页面属性"对话框——跟踪图像

5.2 网页文本的输入及属性设置

文本是网页设计的基本元素,具有信息量大、输入和编辑方便、生成文件小等特点,在 Dreamweaver CS5 中可以方便地使用普通文本、特殊字符和日期等。

5.2.1 网页文本的插入

网页中最主要的对象就是文本,基本上所有的网页都离不开文本,对文本进行良好地控制和布局,灵活运用各种设置文本格式的方法是决定网页是否美观和富有创意的关键。

1. 普通文本的插入

通常普通文本的插入方法有以下几种:

(1) 直接输入。

可以在"文档编辑区"光标位置直接输入文本内容。

这里需要注意:

① 分段与换行。

输入时,按 Enter 键,自动生成一个段落,称为"分段";按 Shift+Enter 组合键,实现换行,而不分段,称为"换行"。

② 空格的输入。

在默认状态下,Dreamweaver CS5 中不能连续输入多个空格,只能输入一个空格。若要输入多个空格,需将输入法提示框中的"半角"改为"全角"。

(2) 复制粘贴。

先"复制"要输入的内容,然后在 Dreamweaver CS5 的文本编辑区中"粘贴"。

(3) 导入。

如果事先已准备好了电子版文本信息,如 XML、表格式数据、Word 文档和 Excel 文档等,可以直接导入到 Dreamweaver CS5 中。导入方法为:选择"文件"→"导入"命令中的某一项,从打开的"导入"对话框中选择需导入的文本文件即可。

2. 特殊字符的插入

将插入点定位到要插入特殊字符的位置上,
选择"插入"→HTML→"特殊字符"命令,打开级
联菜单,如图 5-9 所示,选择要插入的内容。如果
不够还可以选择"其他字符"命令,打开"插入其
他字符"对话框,如图 5-10 所示,在该对话框中选
择某一字符,单击"确定"按钮。

3. 日期的插入

选择"插入"→"日期"命令,打开"插入日期"
对话框,如图 5-11 所示,在该对话框中可以选择

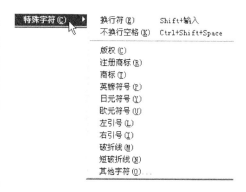

图 5-9 特殊字符

星期格式、日期格式、时间格式,如果"储存时自动更新"复选框被选中,则网页保存时插入的
日期都自动更新为系统当前日期。

图 5-10 "插入其他字符"对话框

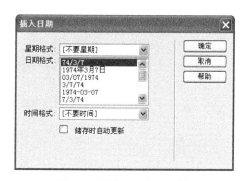

图 5-11 "插入日期"对话框

5.2.2 网页文本的属性设置

在 Dreamweaver CS5 中可以为文本设置字体、大小、颜色及对齐方式等。
设置文本属性的方法如下:
(1) 选定文本。若未选定文本,该更改将应用于随后输入的文本。
(2) 在"属性"面板中单击 CSS 按钮,如图 5-12 所示。

图 5-12 文本"属性"面板

（3）设置字体、字号、颜色及文本的对齐方式。

对于选中的文本，也可以单击右键，在打开的快捷菜单中进行文本属性设置，如图 5-13 所示。

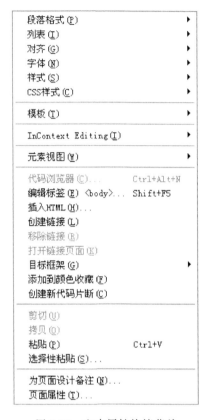

图 5-13　文本属性快捷菜单

5.3　网页图像的插入及属性设置

网页图像是网页制作中的重要元素，选用合适的图像能够使网页更加美观和生动。为了减小页面下载数据量，加快网页显示速度，网页中常用的图像文件格式为 GIF、JPEG 和 PNG 等压缩格式，网页中的图像没有和网页保存在一个同级文件夹中，而是存在单独的一个图像文件夹中，常见的做法是将图像文件保存在 images 文件夹中。

1. GIF 格式

GIF（Graphics Interchange Format，图像互换格式）是 CompuServe 公司在 1987 年开发的图像文件格式。GIF 文件的数据是一种基于 LZW 算法的连续色调的无损压缩格式，其文件的扩展名为 .gif。其压缩率一般在 50% 左右，它不属于任何应用程序。目前几乎所有相关软件都支持它，公共领域有大量的软件在使用 GIF 图像文件。GIF 图像文件的数据是经过压缩的，而且是采用了可变长度等压缩算法。GIF 格式的另一个特点是其在一个 GIF

文件中可以存多幅彩色图像,如果把存于一个文件中的多幅图像数据逐幅读出并显示到屏幕上,就可构成一种最简单的动画。GIF 文件最多支持 256 种颜色,还支持透明背景的图像。

2．JPEG 格式

JPEG(Joint Photographic Experts Group,联合图像专家组)是最常用的图像文件格式,由一个软件开发联合会组织制定,是一种有损压缩格式,能够将图像压缩在很小的储存空间,图像中重复或不重要的资料会被丢失,因此容易造成图像数据的损伤。文件扩展名为.jpg 或.jpeg,JPEG 格式压缩的主要是高频信息,对色彩的信息保留较好,适合应用于互联网,可减少图像的传输时间,可以支持 24 位真彩色,也普遍应用于需要连续色调的图像。

3．PNG 格式

PNG(Portable Network Graphic Format,流式网络图形格式)是一种位图文件存储格式,文件扩展名为.png。PNG 用来存储灰度图像时,灰度图像的深度可多到 16 位;存储彩色图像时,彩色图像的深度可多到 48 位,并且还可存储多到 16 位的 α 通道数据。PNG 使用从 LZ77 派生的无损数据压缩算法。因为它的压缩比高,生成文件容量小,一般应用于 Java 程序、网页中。

5.3.1　插入图像

在网页中插入图像的方法主要有:

(1) 选择"插入"→"图像"命令,打开"选择图像源文件"对话框,如图 5-14 所示,选择要插入的图像文件,单击"确定"按钮后可在插入点插入该图像。

图 5-14　"选择图像源文件"对话框

如果网页文档还从未保存过,Dreamweaver CS5 将会先打开提示保存文档的对话框,如图 5-15 所示,最好将网页文档保存到自己建立的站点中,否则相关的路径信息会以绝对路径保存。在网页的编辑过程中建议使用相对路径,这样能够保证网站移动或上传到服务器后的完整性。同样,要插入网页的图像也建议先复制到该站点目录下。如果插入的图像文件位于站点文

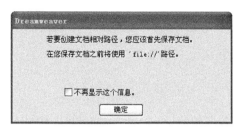

图 5-15 提示保存对话框

件夹之外,那么 Dreamweaver CS5 将会先打开询问对话框,询问是否将此文件复制到站点根文件下,建议单击"是"按钮。

在图像真正被插入到网页之前,还会打开一个"图像标签辅助功能属性"对话框,如图 5-16 所示,主要用来设置图像文件的替换文本,当图像无法显示时会显示文本的内容。

图 5-16 "图像标签辅助功能属性"对话框

(2) 在"插入"面板中选择"常用"类别中的"图像"按钮,如图 5-17 所示。在打开的菜单中选择"图像"按钮,打开插入不同类型的图像,如图 5-18 所示。

图 5-17 "插入"面板

图 5-18 插入不同类型的图像

(3) 在文件面板中将站点中已有的图像文件直接拖动到网页编辑窗口中,同样能够实现将图像插入到网页的功能。

5.3.2 图像属性设置

1. 改变图像大小

拖动图像上的三个控制点可以随意改变图像的大小,也可以在图像属性面板中,通过修

改高、宽值来修改图像大小,如图 5-19 所示。

图 5-19 图像属性设置

2．图文混排

图像和文字在同一行时,使用"属性"面板上的"对齐"属性可设置图文的混排方式。

3．垂直边距和水平边距

垂直边距和水平边距设置图像与周围文字的距离,以像素为单位。

4．图像边框

在边框栏输入一个数字可以设置图像的边框,默认的边框值为 0,边框线的颜色不能更改。通常将边框值设为 1,可以美化图像。

5．图像的品质设置

单击图像属性面板中的"图像编辑设置"按钮 ,打开"图像预览"对话框,如图 5-20 所示,可以对图像的格式、品质等进行基本设置。

图 5-20 "图像预览"对话框

6. 调整图像的亮度和对比度

在图像的属性面板中单击  按钮，打开"亮度/对比度"对话框，如图 5-21 所示，通过调整图像的亮度和对比度能够修正过亮或过暗的图像。当调整了亮度和对比度并确认后，硬盘上保存的源图像文件也会相应的永久性改变，所以建议在调整前先备份图像文件。但可以通过选择"编辑"→"撤销"命令取消刚刚的图像修改操作。

图 5-21 "亮度/对比度"对话框

7. 锐化图像

锐化图像能够增加图像边缘的像素对比度，从而增加图像的清晰度。单击图像的属性面板中的 按钮，打开"锐化"对话框，如图 5-22 所示。调整对话框中的锐化程度，选中"预览"复选框，可以随时查看调整后的图像效果。当调整了锐化度并确认后，硬盘上保存的源图像文件也会相应的永久性改变，所以建议在调整前先备份图像文件。但可以通过选择"编辑"→"撤销"命令取消刚刚的图像修改操作。

8. 裁剪图像

在图像的属性面板中单击 按钮，打开警告对话框，如图 5-23 所示。

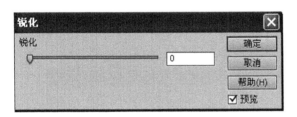

图 5-22 "锐化"对话框

图 5-23 警告对话框

单击"确定"按钮，图像的周围会出现裁剪控制点，如图 5-24 所示。可以调整裁剪控制点，直到边界框包含的图像区域符合要求，在图像上双击以确认裁剪。裁剪后会改变图像的尺寸，硬盘上保存的源图像文件也会相应的永久性改变，所以建议在调整前先备份图像文件。但可以通过选择"编辑"→"撤销"命令取消刚刚的图像修改操作。

图 5-24 出现裁剪控制点的图像

5.3.3 鼠标经过图像

鼠标经过图像是指在浏览器中查看网页时,当鼠标指针移过图像时会发生图像变化。
操作步骤:

(1) 准备两张图像 2.jpg 和 8.jpg,如图 5-25 所示。

(a) 2.jpg   (b) 8.jpg

图 5-25　准备的图像

(2) 定位好插入点后,选择"插入"→"图像对象"→"鼠标经过图像"命令,打开"插入鼠标经过图像"对话框,如图 5-26 所示,分别设置原始图像(2.jpg)、鼠标经过图像(8.jpg)和替换文本等,单击"确定"按钮。

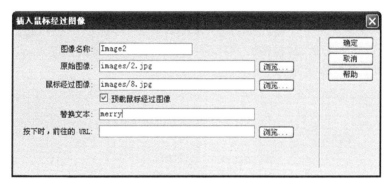

图 5-26　"插入鼠标经过图像"对话框

(3) 网页保存后,选择"文件"→"在浏览器中预览"命令,在指定浏览器上查看鼠标经过时图像的切换效果。

5.4 网页音、视频的插入及属性设置

在网页中插入音、视频,可以为网页增色,使网页内容更直观、更生动。

5.4.1 网页中插入音频

在网页中经常使用的音频格式有:

- MIDI 格式(扩展名为 mid):只能保存乐器的声音,不能录其他声音,文件超小,一般用于背景音乐。

- RealRudio 格式(扩展名为 rm 或 ram)：Real 公司的专用声音格式，压缩率较高，以前网上较流行。
- WMA 格式(扩展名为 wma)：微软专用的声音格式，可用 Windows Media Player 播放，压缩率较高。
- MP3 格式(扩展名为 mp3)：压缩率较高，网上很流行。
- WAVE 格式(扩展名为 wav)：未压缩的声音格式，文件体积与声音采样频率有关，一般文件都很大。
- SWA 格式(扩展名为 swa)：是一种高压缩率的音频文件，与波形文件的压缩比例一般为 24：1，比 MP3 还高出许多。

其中，MP3、SWA 和 RealRudio 等格式压缩程度高，并且以流的方式传输和下载，这样网站访问者在文件完全下载之前就能先听到声音。由于音频文件的格式和类型较多，也不完全相同，因此在将声音添加到网页上时要考虑到声音文件的大小、声音的品质和不同浏览器的差别等。

在网页中插入音频的方式主要有如下几种。

1. 链接音频文件

链接音频文件是简单而有效的方法，在这种方式下，网站访问者能够选择是否收听音频文件。

链接音频文件的步骤：首先选中用作指向音频文件链接的文本或图像，在其属性面板中进行设置，如图 5-27 所示。单击"链接"文本框后面的"浏览文件"按钮 📁，打开"选择文件"对话框，如图 5-28 所示，选择需要加载的音频文件，单击"确定"按钮，设置完成。选择"文件"→"在浏览器中预览"命令，试听音频效果。

图 5-27　链接音频文件

图 5-28　"选择文件"对话框

2．嵌入音频文件

嵌入音频文件可以将声音直接集成到页面中，可以在页面上控制播放器外观、声音的开始点和结束点、声音的质量等。但访问者需要具有所选声音文件的适当插件，声音才可以正常播放。常用的插件主要有 QuickTime、Windows Media Player 和 RealPlayer 等。

嵌入音频文件的步骤：先将插入点定位到要嵌入文件的位置，选择"插入"→"媒体"→"插件"命令，打开"选择文件"对话框，如图 5-28 所示，选择要插入的声音文件，单击"确定"按钮，即插入一个插件占位符 🎵，可以调整该插件占位符的大小，以调整播放器的大小。

选中该插件，在插件的属性面板中可以进行多种参数的设置，如图 5-29 所示。

图 5-29　插件的属性面板

在插件的属性面板中，除了可以设置常规的宽度和高度、垂直和水平边距、对齐方式、源文件的位置等参数外，还有插件特有的一些属性：

- "插件"文本框：输入插件的名称，以便脚本识别这些动作。
- "插件 URL"文本框：指定插件 URL 的属性，输入可以下载的插件在网站中的具体位置。如果在网页中没有插件，浏览器会尝试从 URL 下载。
- "边框"文本框：指定环绕插件的边框的宽度。
- 单击"参数"按钮，可以打开参数对话框，其中 AUTOSTART＝TRUE 可以实现自动播放，一旦加载声音文件就开始播放；LOOP＝TRUE 可以实现无限次循环播放，声音文件在打开网页后重复播放；HIDDEN＝TRUE 可以隐藏音频文件的控制面板等。

3．给网页添加背景音乐

可以通过插入 HTML 标记的方式来插入音频，以实现给网页添加背景音乐的功能，网页的界面上不需要看到插件或链接。

插入背景音乐的方法主要有如下几种：

（1）代码设置法。

切换到"代码"视图，在 HTML 文档中的<head>与</head>或<body>与</body>之间添加一行代码：

```
<bgsound src="声音文件" loop="-1"/>
```

"音乐文件"需带有路径，如：

```
<bgsound src="sounds\wacdwaj.mp3" loop="-1"/>
```

loop 的值是音乐循环的次数，可设置为任意正整数。设为－1 则音乐将永远循环播放。

（2）插入插件法。

① 在"设计"视图选择"插入"→"布局对象"→AP Div 命令，插入一个"层"对象。

② 将光标置于"层"内部，选择"插入"→"媒体"→"插件"命令，打开"选择文件"对话框，选中所需的声音文件，单击"确定"按钮插入控件。

③ 选中"层"，在 AP Div 属性面板设置"层"的"可见性"为 hidden，使所插入的插件不可见。

5.4.2　网页中插入视频

在网页中插入视频，可以通过不同方式和使用不同格式实现，视频可以被下载给访问者，或者进行流式处理，以便在下载的同时播放。

Dreamweaver CS5 支持的视频文件主要有 WMV、RM/RMVB、ASF 和 FLV 等。

- WMV(Windows Media Video)。WMV 格式是 Microsoft 公司开发的在 Internet 上实时传播多媒体的一种技术标准。主要优点：支持本地或网络播放；采用流媒体形式，从而实现影像数据的实时传送和实时播放，压缩率高、影像图像的质量较好，目前在网络在线视频中广泛使用。使用 Windows Media Player 即可播放。
- RM/RMVB(Real Media)。RM/RMVB 格式是 RealNetworks 公司开发的一种新型流式视频文件格式。主要优点：压缩率更高，可以根据网络数据传输速率的不同而采用不同的压缩比率，从而实现影像数据的实时传送和实时播放，目前广泛应用在低速率网络上实时传输活动视频影像。需要使用 RealPlayer 等播放器播放。
- ASF(Advanced Streaming Format)。ASF 格式是微软公司推出的高级流媒体格式，是微软为了和现在的 Realplayer 竞争而发展出来的一种可以直接在网上观看视频节目的文件压缩格式。主要优点：本地或网络回放、可扩充的媒体类型、压缩率和图像的质量较高。使用 Windows Media Player 等播放器播放。
- FLV。FLV 格式是一种 Flash 格式的视频文件，用于通过 Flash Player 传送与播放。FLV 格式文件包含经过编码的音频和视频数据。主要优点：压缩率和图像的质量较高，可以直接在网上观看，是目前网络上最为流行的视频文件格式。

在网页中插入视频的方式主要有如下几种：

1. 链接视频文件

在网页中链接的视频文件可以使用本地视频文件，上传网页时将视频文件一起上传，只要访问者的计算机能够识别这种视频文件的类型，并有相应的应用程序或插件可以处理该视频文件，浏览器就可以播放该文件。如果不能识别此文件类型，并且没有相应的应用程序或插件来处理视频，将打开一个对话框，可以从中选择用来播放的应用程序，或将其下载保存。

链接视频文件的步骤：先选中网页中将要链接到视频的文字或图像，在其属性面板中进行设置，如图 5-30 所示。单击"链接"文本框后面的"浏览文件"按钮 📁，打开"选择文件"对话框，选择需要加载的视频文件，单击"确定"按钮，设置完成。选择"文件"→"在浏览器中预览"命令，预览视频效果。

图 5-30　链接视频文件的属性面板

2．嵌入视频文件

在网页中嵌入视频是指可以在浏览器中播放的视频文件，如 QuickTime 与 RealVideo 等格式的文件。将视频文件嵌入页面时，可以在代码视图中利用 HTML 语言提供的 <embed> 和 <object> 标签进行设置。

当要嵌入的是本地视频文件时，在代码视图中加入 <embed> 标签，并设置好对应的 src 内容，其中的 HEIGHT 和 WIDTH 值可以分别设置网页中显示视频界面的高度和宽度。

以嵌入 wmv 文件为例：

```
<object>
    <embed src = meida/V13 - 2.wmv style = "HEIGHT: 245px;
        WIDTH: 390px" type = audio/mpeg AUTOSTART = "1" loop = "0">
    </embed>
</object>
```

保存后，预览效果如图 5-31 所示。

图 5-31　网页播放视频

5.4.3　属性设置

在网页中,可以通过相关属性来设置媒体播放器的外观界面,控制媒体播放器的哪些部分出现,哪些部分不出现。

有关媒体播放器包含元素的简要说明:

- Video Display Panel:视频显示面板。
- Video Border:视频边框。
- Closed Captioning Display Panel:字幕显示面板。
- Track Bar:搜索栏。
- Control Bar with Audio and Position Controls:带有声音和位置控制的控制栏。
- Go To Bar:转到栏。
- Display Panel:显示面板。
- Status Bar:状态栏。

有关用来决定显示哪一个元素的属性:

- ShowControls 属性:是否显示控制栏(包括播放控件及可选的声音和位置控件)。
- ShowAudioControls 属性:是否在控制栏显示声音控件(静音按钮和音量滑块)。
- ShowPositionControls 属性:是否在控制栏显示位置控件(包括向后跳进、快退、快进、向前跳进、预览播放列表中的每个剪辑)。
- ShowTracker 属性:是否显示搜索栏。
- ShowDisplay 属性:是否显示显示面板(用来提供节目与剪辑的信息)。
- ShowCaptioning 属性:是否显示字幕显示面板。
- ShowGotoBar 属性:是否显示转到栏。
- ShowStatusBar 属性:是否显示状态栏。

剪辑信息可以放在媒体文件中,也可以放在 Windows 媒体元文件中,或者两者都放。如果在元文件中指定了剪辑信息,那么用 GetMediaInfoString 方法返回的就是元文件中的信息,而不会返回剪辑中包含的信息。在元文件中,附加信息可以放置在每一个剪辑或节目的 PARAM 标签中。可以为每个剪辑添加任意多个 PARAM 标签,用来存储自定义的信息或链接到相关站点。在 PARAM 标签中的信息可以通过 GetMediaParameter 方法来访问。

有关返回有关大小和时间信息的属性:

- ImageSourceHeight、ImageSourceWidth:返回图像窗口的显示尺寸。
- Duration:返回剪辑的长度(秒),要检测这个属性是否包含有效的数值,请检查 IsDurationValid 属性(对于广播的视频,其长度是不可预知的)。

有关媒体播放器提供访问播放列表中剪辑的方法:

- Next 方法:跳到节目(播放列表)中的下一个剪辑。
- Previous 方法:跳回到节目中的上一个剪辑。

媒体播放器的一个特性是能够预览节目中的每一个剪辑:

- PreviewMode 属性:决定媒体播放器当前是否处于预览模式。
- CanPreview 属性:决定媒体播放器能否处于预览模式。

在 Windows 媒体元文件中,可以为每一个剪辑指定预览时间——Previewduration。如果没有指定,那么默认的预览时间是 10s。也可以用 Windows 媒体元文件来添加 watermarks 与 banners,元文件也支持插入广告时的无间隙流切换。

可以用.smi 文件来为节目添加字幕。

媒体播放器支持下面的属性来处理字幕:

- SAMIFileName 属性:指定.smi 文件的名字。
- SAMILang 属性:指定字幕的语言(如果没有指定则使用第一种语言)。
- SAMIStyle 属性:指定字幕的文字大小和样式。
- ShowCaptioning 属性:决定是否显示字幕显示面板等。

5.5 网页 Flash 对象的插入及属性

5.5.1 插入 Flash 动画及属性设置

Flash 是由 macromedia 公司推出的交互式矢量图和 Web 动画的标准,由 Adobe 公司收购。网页设计者使用 Flash 创作出既漂亮又可改变尺寸的导航界面及其他奇特的效果,目前已成为互联网上矢量动画的事实标准。由于 HTML(超文本标记语言)的功能十分有限,无法达到人们的预期设计,以实现令人耳目一新的动态效果,在这种情况下,各种脚本语言应运而生,使得网页设计更加多样化。然而,程序设计总是不能很好地普及,因为它要求一定的编程能力,而人们更需要一种既简单直观又有功能强大的动画设计工具,而 Flash 的出现正好满足了这种需求。Flash 特别适用于创建通过 Internet 提供的内容,因为它的文件非常小。由于 Flash 动画具有短小精悍的特点,因此被广泛应用于网页动画的设计中。

1. 插入 Flash 动画

插入的 Flash 动画文件扩展名为 swf,由于 Dreamweaver 与 Flash 无缝集成,可以在任何文档窗口中轻松地插入和预览 swf 文件。

操作步骤:选择"插入"→"媒体"→SWF 命令,打开"选择 SWF"对话框,如图 5-32 所示。选择要插入的 SWF 文件,单击"确定"按钮后,打开"复制相关文件"对话框,如图 5-33 所示。复制相关文件到本地站点,当向服务器上传站点时同时上传这两个文件,以保证相应的对象或行为能够正常运行。

单击"确定"按钮后,就将选定的 Flash 动画插入到了网页文档中。如果文件不在站点根文件夹中,将会提示是否将文件复制到站点文件夹中。

2. 属性设置

在设计视图的窗口中选中插入的 Flash 动画,其"属性"面板如图 5-34 所示。

- 名称:为脚本程序指定影片的名称。
- 宽和高:指定影片的宽度和高度(单位为"像素")。
- 文件:指定 Flash 影片文件的路径。
- 背景颜色:为影片指定背景颜色。
- 编辑:启动 Flash 软件编辑并更新当前所选择的 Flash 影片。

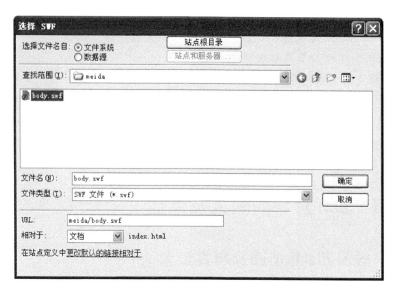

图 5-32　插入 swf 动画

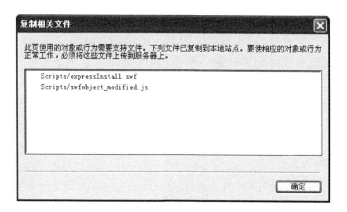

图 5-33　"复制相关文件"对话框

图 5-34　Flash 动画的"属性"面板

- 循环：选中该选项，影片将连续播放；若未选中该选项，则影片在播放一次后即停止播放。
- 自动播放：选中该选项，则在加载页面时自动播放影片。
- 垂直边距和水平边距：指定影片上、下、左、右空白的像素数。
- 品质：用于控制影片播放时的抗失真程度。
- 对齐：指定 Flash 影片在页面上的对齐方式。
- 比例：指定 Flash 影片在页面上的显示比例。
- Wmode：指定 Flash 影片在页面上显示透明与否。

- 参数：打开参数对话框，用于输入传递给影片的附加参数。

要在浏览器中查看 Flash 动画，必须在浏览器中集成 Flash 播放器，高版本的 Netscape Navigator 和 Internet Explorer 中都已内置了 Flash 动画播放器。

所有属性设置完毕后，保存网页，在不同浏览器中预览，观看动画效果。

5.5.2　插入 FLV 文件

FLV 流媒体格式是随着 Flash MX 的推出发展而来的视频格式。由于它形成的文件极小、加载速度极快，使得网络观看视频文件成为可能。许多在线视频网站都采用此视频格式，如搜狐视频、新浪播客、优酷和土豆等。FLV 已经成为当前视频文件的主流格式。FLV 是一种全新的流媒体视频格式，它利用了网页上广泛使用的 Flash Player 平台，将视频整合到 Flash 动画中。也就是说，网站的访问者只要能看 Flash 动画，自然也能看 FLV 格式视频，而无需再额外安装其他视频插件，FLV 视频的使用给视频传播带来了极大便利。

操作步骤：选择"插入"→"媒体"→FLV 命令，打开"插入 FLV"对话框，如图 5-35 所示。

图 5-35　插入 FLV 文件

单击"浏览"按钮，在打开的对话框中选择要插入的 FLV 文件。单击"检测大小"按钮，自动检测出宽度和高度。

"视频类型"可分为"累进式下载视频"和"流视频"两种。

"累进式下载视频"是将 Flash 视频（FLV）文件下载到站点访问者的硬盘上，然后播放。

但是与传统的"下载并播放"视频传送方法不同,累进式下载允许在下载完成之前就开始播放视频文件,在浏览器接收到第一段视频期间,在短暂的延迟之后就会播放视频,在播放期间将继续下载视频,累进式下载 FLV 文件可以宿主在任何标准的 Web 服务器上。

"流视频"是对 Flash 视频内容进行流式处理,并在一段可确保流畅播放的很短的缓冲时间后,在 Web 页面上播放该内容,并且提供了超过累进式下载的优点(如搜寻能力),这意味着视频播放头可以移到任意位置,并在那个位置立即开始播放。不过,流式 FLV 文件必须宿主在使用 Flash Media Server 的 Web 主机上。

FLV 文件不能像 SWF 文件那样不需要浏览器就可以在设计视图中直接播放预览动画效果,FLV 文件插入到网页后,需要保存后用浏览器或在实时视图中才能预览页面动画效果。选中设计视图中的 FLV 文件后,可以在其属性面板中进行相应设置。

5.6　网页其他多媒体元素和第三方插件的插入

5.6.1　插入 Shockwave 影片

Shockwave 是用于在网页中播放的由 Adobe 公司的 Director Shockwave Studio 软件制作的多媒体电影。Shockwave 是一种网上媒体交互压缩格式的标准,用该标准生成的压缩文件可在 Internet 上快速下载。Shockwave 是一种流式播放技术而不是一种文件格式,使用这种技术在不同的软件上可以制作出符合 Shockwave 标准的文件,如. swf 和. dcr 文件。

目前主流浏览器都支持 Shockwave 影片,插入 Shockwave 影片的方式与插入 FLV 文件类似。

5.6.2　插入 Java Applet

Java Applet 是在 Java 基础上演变而成的小应用程序,它可以嵌入到网页中来执行一定的任务,具有跨平台特性,它能实现动态、安全和跨平台的网络应用。将 Java Applet 嵌入到 HTML 语言中,能实现网页中各种各样的特殊效果和较为复杂的控制,例如飘动的雪花、流动的文字等。运行 Java Applet 的前提是浏览器中安装了 JVM 虚拟机。

5.6.3　插入 ActiveX 控件

ActiveX 控件的功能类似于浏览器插件的可复用组件,是 Microsoft 对浏览器的能力扩展,是宽松定义的、基于 COM 的技术组合。ActiveX 控件在 Windows 系统上的 Internet Explorer 中运行,但不能在 Macintosh 系统上或 Netscape Navigator 中运行。

5.6.4　插入插件

如果想在浏览器中访问更多类型的媒体对象(如 Shockwave 影片和 MIDI 音乐等),就必须借助插件,利用插入插件功能可以在网页中插入各种类型的媒体元素,如视频文件、音乐文件和动画文件等,前面介绍的 Shockwave 就是插件中的一员。利用插件功能还可以将电台节目插入到网页中,使网页具有在线收音机的功能。要实现相应功能,用户的计算机中必须安装相应的插件才能正常浏览这些文件的内容。

5.6.5 插入 HTML 对象

HTML 对象主要包括水平线、框架、文本对象、脚本对象和文件头标签等。

操作步骤:选择"插入"→HTML 中的"水平线、框架、文本对象、脚本对象或文件头标"等命令,即可插入"水平线、框架、文本对象、脚本对象或文件头标"等 HTML 对象。

网页布局

网页布局是指当网站结构确定之后,为了满足栏目设置的要求,需要进行的网页模板规划。网页布局对改善网站的外观非常重要。网页布局主要包括网页结构定位方式、网站菜单和导航的设置、网页元素的摆放位置等。通常,网页布局的主要方法有通过表格布局、通过 Div 布局及通过框架布局等。

6.1 利用表格布局网页

表格是现代网页制作的一个重要组成部分。表格之所以重要是因为表格可以实现网页的精确排版和定位,表格还可以美化网页。通过表格可以将网页分割成许多小块并组合在一起,即加快了网页的加载速度,又使网页页面整齐而美观。表格布局的优势在于它能对不同对象加以处理,而又不用担心不同对象之间的影响,而且表格在定位图片和文本上比用 CSS 更加方便、简单、上手容易、兼容性强。表格布局唯一的缺点是当表格嵌套过多时会影响页面加载,布局修改起来很不灵活。但使用表格可以简化页面布局设计过程、导入表格化数据、设计页面分栏及定位页面上的文本和图像等,当有数据表格需要显示在网页上,如列车时刻表、公司财务计划表等,利用表格来布局会更容易实现些。

6.1.1 创建表格

表格不仅可以为页面进行宏观的布局,还可以使页面中的文本、图像等元素更有条理。表格是由一个或多个单元格构成的集合,表格中横向的多个单元格称为行(HTML 语言中以<tr>标签开始,</tr>标签结束),垂直的多个单元格称为列(以<td>标签开始,</td>标签结束),行与列的交叉区域称为单元格,网页中的元素就放置在这些单元格中。

1. 插入表格

在网页中插入表格的步骤:首先单击网页中需要插入表格的地方,再选择"插入"→"表格"命令,或按 Ctrl+Alt+T 组合键,打开"表格"对话框,如图 6-1 所示。

参数的详细说明如下。

(1) 行数:设置要插入表格的行数。

(2) 列:设置要插入表格的列数。

图 6-1 "表格"对话框

（3）表格宽度：输入宽度值，同时可以在右边的下拉列表中选择宽度单位，可以选择绝对的像素值来设置表格宽度，也可以选择百分比设置表格宽度同浏览器宽度的百分比。

（4）边框粗细：设置表格边框的宽度。

（5）单元格边距：输入单元格中填充内容同单元格内部边框之间的距离。

（6）单元格间距：输入单元格之间的距离。

① "标题"选项组：用于设置表格的行或列的标题。

② 无：表示不设置表格的行或列的标题。

③ 左：表示一行归为一类，可以为每行在第一栏设置一个标题。

④ 顶部：表示一列归为一类，可以为每列在头一栏设置一个标题。

⑤ 两者：表示可以同时输入"左"端和"顶部"的标题。

（7）"辅助功能"选项组：用于定义与表格存储相关的参数。

① 标题：设置表格的标题名称，默认会出现在表格的上方。

② 摘要：为表格的备注，不会在网页中显示。

设置各种表格参数后，单击"确定"按钮，在光标位置插入指定表格，如图 6-2 所示。

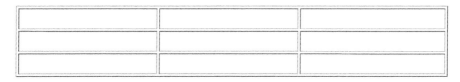

图 6-2 插入的表格

在网页中，一般设置表格不显示表格线（即边框粗细为 0 像素）、单元格边距为 0、单元格间距为 0。设置之后的表格如图 6-3 所示。

图 6-3　设置之后的表格

2. 嵌套表格

表格与表格之间可以嵌套。嵌套表格是指在表格的某个单元格中再插入一个表格。其宽度受所在单元格的宽度限制,一般设置"表格宽度"为 100,其单位设置为"百分比"。当单个表格不能满足布局的需求时,可以进行表格的嵌套。

操作步骤:将光标定位在已插入表格的某个单元格中,选择"插入"→"表格"命令,在打开的"表格"对话框中设置行数、列数、表格宽度(设置为 100,单位为"百分比")、单元格边距(设置为 0)、单元格间距(设置为 0)等内容,如图 6-4 所示。单击"确定"按钮,完成嵌套表格的创建,如图 6-5 所示。

图 6-4　嵌套的表格设置

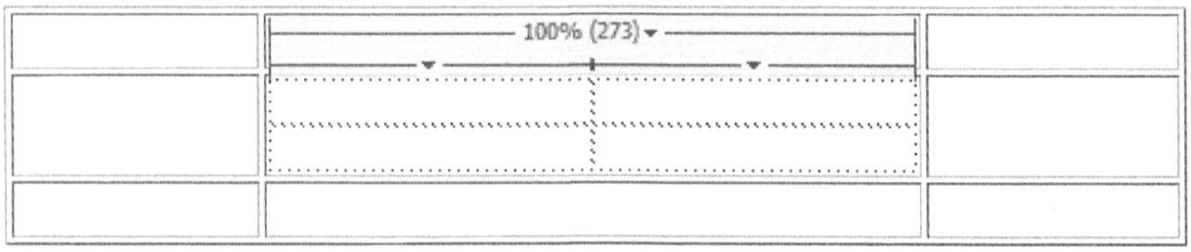

图 6-5　表格嵌套

表格嵌套太多时会影响页面的加载速度,当浏览器加载一个表格时,需要将整个表格加载完成后才会进行显示,因此打开嵌套太多表格的网页时,可能需要较长时间。

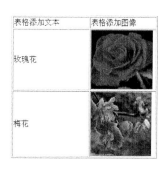

图 6-6 表格中添加内容

3. 在表格中添加内容

在表格中可以添加各种网页元素。添加表格内容的方法很简单,只需要将光标定位到所需的单元格中,然后按照添加网页元素的方法操作即可。例如,在表格中添加文本和图像,如图 6-6 所示。

6.1.2 选择表格和单元格

表格的选择是编辑表格的前提,在表格中进行的任何操作都离不开选择表格。在对表格进行操作之前需要先选择表格,可以选择整个表格,也可以只选择某行、某列或某个单元格。

1. 选择整个表格

选择整个表格主要有以下几种方法。

(1)通过菜单选择整个表格。

操作步骤:选择"修改"→"表格"→"选择表格"命令,可以选择整个表格,如图 6-7 所示。当表格整个被选择后,表格的周围会出现一个边框,在边框的右方和下方还会带有黑色控制点,可以用来调整表格的大小。

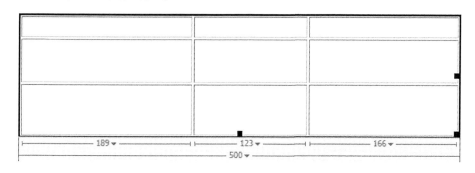

图 6-7 通过菜单选择整个表格

(2)通过鼠标单击选择整个表格。

将鼠标指针放到表格边框线上,当边框线变为红色且鼠标变成 形状时,单击鼠标左键即可选定整个表格,如图 6-8 所示。

(3)通过标签选择整个表格。

将光标定位到表格的任一单元格中,单击窗口左下角标签选择器中的<table>标签也可以选择整个表格,如图 6-9 所示。

(4)通过按钮菜单选择整个表格。

单击整个表格下方绿线中的 按钮,在弹出的下拉菜单中选择"选择表格"命令,即可选择整个表格,如图 6-10 所示。

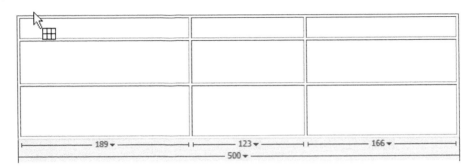

图 6-8　通过鼠标单击选择整个表格

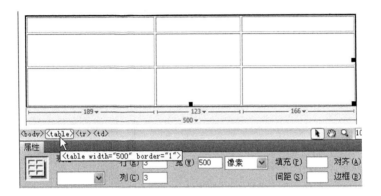

图 6-9　单击标签选择整个表格

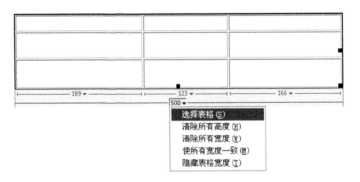

图 6-10　通过按钮菜单选择整个表格

（5）通过快捷菜单选择整个表格。

将光标定位到表格中的任意一个单元格中，单击鼠标右键，在弹出的快捷菜单中选择"表格"→"选择表格"命令，即可选择整个表格，如图 6-11 所示。

图 6-11　通过快捷菜单选择整个表格

2．选择表格的整行

（1）通过单击鼠标选择整行。

将光标移动到所要选择行的左侧，当光标变成黑色的选定箭头 ➡，且该行的边框线变成红色时，单击鼠标即可选择该行，如图 6-12 所示。

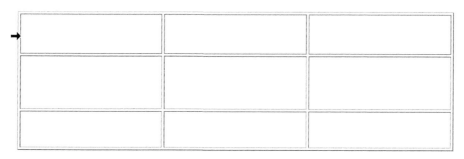

图 6-12　通过单击鼠标选择整行

（2）通过拖动选择整行。

将光标定位于要选定行的第一个单元格内，按下鼠标左键并水平拖动到该行的最后一个单元格，松开鼠标后即可选择整行，如图 6-13 所示。

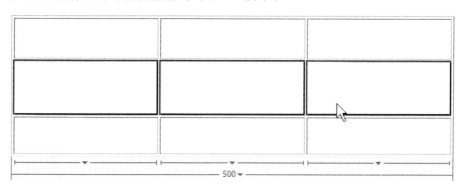

图 6-13　通过鼠标拖动选择整行

3．选择表格的列

（1）通过单击鼠标选择整列。

将光标移动到所需列的上方，当光标变成黑色的选定箭头 ⬇，且该列的边框线变成红色时，单击鼠标即可选择该列，如图 6-14 所示。

（2）通过拖动选择整列。

将光标定位于要选定列的第一个单元格内，按下鼠标左键并垂直拖动到该列的最后一个单元格，松开鼠标后即可选择整列，如图 6-15 所示。

（3）通过按钮菜单选择整列。

单击要选择列的下方绿线中的 -▼- 按钮，在弹出的下拉菜单中选择"选择列"命令即可选择该列，如图 6-16 所示。

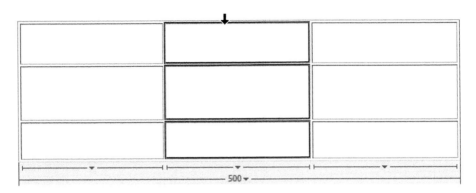

图 6-14   通过单击鼠标选择整列

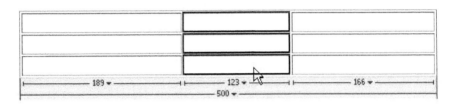

图 6-15   通过拖动选择整列

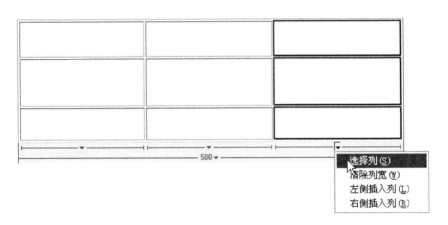

图 6-16   菜单按钮选择整列

4. 选择单元格

(1) 选择某个单元格。

要选择某个单元格,可先将光标定位于该单元格内,然后按 Ctrl＋A 组合键或单击"标签选择器"中对应的＜td＞标签,即可选择一个单元格,如图 6-17 所示。

(2) 选择连续的单元格区域。

在要选择的单元格区域的左上角单元格中单击鼠标,然后按下鼠标左键向右下角单元格方向拖动鼠标,到目的地后松开鼠标左键,即可选取多个连续的单元格。或者单击一个单元格,然后按住 Shift 键单击另一个单元格,这两个单元格定义的矩形区域中的所有单元格也将被连续选择,如图 6-18 所示。

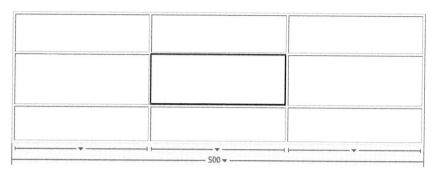

图 6-17 选取一个单元格

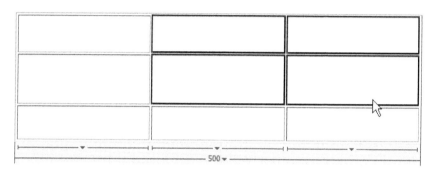

图 6-18 选择连续的单元格区域

（3）选择不连续的单元格。

按住 Ctrl 键，依次单击要选定的单元格；或者先选定多个连续的单元格区域，然后按住 Ctrl 键，单击其中不需要的单元格，如图 6-19 所示。

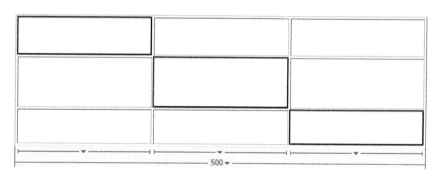

图 6-19 选择不连续的单元格

6.1.3 设置表格和单元格、行或列属性

1. 设置表格属性

为了使表格更具有特色，需要在表格的"属性"面板中对表格进行设置。表格的"属性"面板中显示了所插入表格的所有特性，通过修改面板中的参数可快速地编辑表格外观，如图 6-20 所示。

图 6-20　表格的"属性"面板

如果窗口中没有显示表格的"属性"面板,可通过选择"窗口"→"属性"命令打开"属性"面板。

(1)"表格"下拉列表框:设置表格的名称。

(2)"行"文本框:设置表格的行数。

(3)"列"文本框:设置表格的列数。

(4)"宽"文本框:设置表格的宽度,在右侧的下拉列表中可以选择单位。如果选择"像素",表明表格的宽度值是像素值,此时的表格宽度是绝对值,不能随浏览器窗口宽度的变化而变化;如果选择%,则表示表格的宽度是相对于浏览器窗口宽度的百分比数值,此时的表格宽度是相对值,随浏览器的宽度变化而变化。

(5)"填充"文本框:设置表格内部内容与表格内部边界之间的距离,单位为像素。

(6)"间距"文本框:设置单元格的间距,单位为像素。

(7)"对齐"下拉列表框:设置整个表格在浏览器内水平方向上的对齐方式,其中可以选择"左对齐"、"居中对齐"、"右对齐"和"默认"。若选择"默认",采用浏览器默认的表格对齐方式,一般为左对齐。

(8)"边框"文本框:设置表格的边框宽度,单位为像素。如果将边框宽度设置为 0,则表格不显示边框,编辑状态下以虚线形式显示。

(9)"类"下拉列表框:用于附加样式表,设置格式。

(10) 在"属性"面板的下方有 4 个按钮分别实现对应功能。

- （清除列宽）:单击此按钮,删除表格的多余列宽值。

- （清除行高）:单击此按钮,删除表格的多余行高值。

- （将表格宽度转换为像素）:单击此按钮,将表格宽度度量单位从百分比转换为像素。

- （将表格宽度转换为百分比）:单击此按钮,将表格宽度度量单位从像素转换为百分比。

2. 设置单元格、行或列属性

除了可以设置整个表格的属性外,还可以对表格的单元格、行或列的属性分别进行设置。选择单元格、行或列后,其"属性"面板如图 6-21 所示,其中上半部分与选择文本时的属性面板相同,主要用于设置单元格中的文本属性,下半部分主要用于设置单元格、行或列的属性。

(1) 和 这两个按钮分别实现"合并多个选择的单元格"和"拆分单个单元格"。

(2)"水平"下拉表列框:设置单元格中的内容在水平方向上的对齐方式,包括"左对齐"、"居中对齐"、"右对齐"和"默认"4 个选项。

图 6-21 单元格的"属性"面板

（3）"垂直"下拉列表框：设置单元格中的内容在垂直方向上的对齐方式，包括"顶端"、"居中"、"底部"、"基线"和"默认"5 个选项。

（4）"宽"文本框：设置单元格的宽度，如果直接输入数字，则默认度量单位为像素；如果要以百分比作为度量单位，则应在输入数字的同时输入％符号，如 95％。

（5）"高"文本框：设置单元格的高度。

（6）"不换行"复选框：选择它可以防止换行，从而使给定单元格中的所有文本都在一行上。

（7）"标题"复选框：将所选的单元格格式设置为表格标题单元格，默认情况下，表格标题单元格的内容为粗体并居中。

（8）"背景颜色"选择框：用于设置单元格的背景颜色，可通过单击或输入的方式设置颜色。若以输入方式设置颜色，需输入＃号，并加 6 位十六进制数，如＃0066CC。

6.1.4 表格的高级操作

1. 合并及拆分单元格

为了更好地显示数据，有时需要对表格进行合并或拆分操作。

（1）合并单元格。

操作步骤：选择要合并的相邻的多个单元格，并保证选择的单元格区域为矩形，在"属性"面板中单击合并单元格按钮 ▦，或选择菜单栏中的"修改"→"表格"→"合并单元格"命令，即可将选择的多个单元格合并成为一个单元格，原有单元格中的数据被依次放在了合并后的单元格中。

（2）拆分单元格。

操作步骤：将光标定位到要进行拆分的单元格中，在"属性"面板中单击拆分单元格按钮 ▤，或者选择菜单栏中的"修改"→"表格"→"拆分单元格"命令，打开"拆分单元格"对话框，如图 6-22 所示，先选择好要拆成行或列后，设置相应的数值，单击"确定"按钮，完成拆分操作。

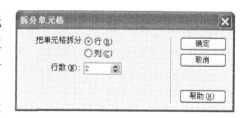

图 6-22 "拆分单元格"对话框

2. 插入或删除行或列

在调整表格时，除了可以进行单元格的合并和拆分外，还可对其进行行或列的插入或删除操作，有以下两种情况：

（1）单行或单列的插入。

操作步骤：将光标定位到要插入单行或单列的某个单元格中（或选取某行、某列），选择

"修改"→"表格"→"插入行"或"插入列"命令,或者单击鼠标右键,在弹出的快捷菜单中选择"表格"→"插入行"或"插入列"命令,即可插入新行或列,如图 6-23 所示。

图 6-23　插入单行或列

在默认情况下,插入的新行将插入到所选择行或单元格的上方,插入的新列将插入到所选择列或单元格的左侧,因此可根据实际情况对光标进行定位。

(2) 多行或多列的插入。

操作步骤:先将光标定位到需要插入多行或多列的单元格中,选择"修改"→"表格"→"插入行或列"命令,或者单击鼠标右键,在弹出的快捷菜中选择"表格"→"插入行或列"命令,打开"插入行或列"对话框,如图 6-24 所示。在其中选择插入"行"或"列",并设置要插入的"行数"或"列数",并在下方选择新行或列的插入位置,设

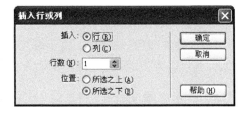

图 6-24　插入多行或列

置好后单击"确定"按钮,即可完成多行或多列的插入操作。

(3) 行或列的删除。

操作步骤:首先选择要删除的行(或多行)或列(或多列),选择"修改"→"表格"→"删除行"或"删除列"命令,或单击鼠标右键,在弹出的快捷菜单中选择"表格"→"删除行"或"删除列"命令,即可删除选择的行(或多行)或列(或多列)。

3. 表格内容排序

为了方便数据处理,可以根据单个列的内容对表格中的行进行排序,还可以根据两个列的内容进行更加复杂的表格排序,但不能对包含 colspan(跨列)或 rowspan(跨行)属性的表格(即合并单元格的表格)进行排序。

操作步骤:选择需要排序的表格或将光标定位到某一单元格中,选择"命令"→"排序表格"命令,打开"排序表格"对话框,如图 6-25 所示。

(1) 排序按:排序方式。确定选用哪个列的值对表格的行进行排序。

(2) 顺序:确定是按字母还是按数字顺序,以及是以升序(A 到 Z,数字从小到大)还是以降序对列进行排序。当列的内容是数字时,选择"按数字顺序"。如果"按字母顺序"对一组由一位或两位数组成的数字进行排序,则会将这些数字作为单词进行排序(排序结果如 1、10、2、20、3、30),而不是将它们作为数字进行排序(排序结果如 1、2、3、10、20、30)。

(3) "再按"、"顺序":确定将在另一列上应用的第二种排序方法的排序顺序。在"再按"下拉列表中指定将应用第二种排序方法的列,并在"顺序"下拉列表中指定第二种排序方法的排序顺序。

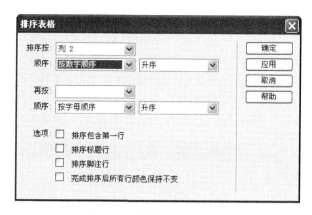

图 6-25 "排序表格"对话框

（4）"选项"选项区域中包含如下复选项。

- 排序包含第一行：指定将表格的第一行包括在排序中。如果第一行是不应移动的标题，则不选择此选项。
- 排序标题行：对标题行进行排序，指定使用与主体行相同的条件对表格的 thead 部分（表格的表头）中的所有行进行排序（请注意，即使在排序后，thead 行也将保留在 thead 部分并仍显示在表格的顶部）。
- 排序脚注行：对脚注行进行排序，指定按照与主体行相同的条件对表格的 tfoot 部分（表格的页脚或脚注或表注）中的所有行进行排序（请注意，即使在排序后，tfoot 行也将保留在 tfoot 部分并仍显示在表格的底部）。
- 完成排序后所有行颜色保持不变：使排序完成后所有行的颜色保持不变，指定排序之后表格属性（如颜色）应该与同一内容保持关联。如果表格行使用两种交替的颜色，则不要选择此选项以确保排序后的表格仍具有颜色交替的行。如果行属性特定于每行的内容，则选择此选项以确保这些属性保持与排序后表格中正确的行关联在一起。

在对话框中设置选项后，单击"确定"按钮即可。

对表格内容按"列 2"、"按数字顺序"、"升序"选项进行排序前后的结果对比如图 6-26所示。

姓名	成绩
aa	83
bb	95
cc	76

姓名	成绩
cc	76
aa	83
bb	95

图 6-26 排序前后结果对比

4. 导入和导出表格内容

在制作网页时，如果预先有表格内容存储在记事本或 Word 等文档中，可以将其直接导入到网页中，也可以将网页中的表格内容导出为独立的文件，以便在需要时导入。

（1）导入表格数据。

操作步骤：将光标定位于需要导入表格数据的位置，选择"文件"→"导入"→"表格式数据"命令，打开"导入表格式数据"对话框，如图 6-27 所示。单击"数据文件"文本框右侧的"浏览"按钮，选择数据文件（包含数据文件所在路径）；在"定界符"下拉列表中选择文档中分隔表格数据各项内容的符号；设置好表格宽度、单元格边距、单元格间距、格式化首行及边框的粗细等内容后，单击"确定"按钮，即可将选择的数据文件导入到网页中。

图 6-27　"导入表格式数据"对话框

（2）导出表格数据。

操作步骤：将光标定位到需要导出数据的表格的任意一个单元格中，选择"文件"→"导出"→"表格"命令，打开"导出表格"对话框，如图 6-28 所示。在其中设置定界符和换行符，单击"导出"按钮，打开"表格导出为"对话框，如图 6-29 所示，设置导出文件保存位置和文件名，单击"保存"按钮，即完成了表格数据的导出操作。

图 6-28　"导出表格"对话框

图 6-29　"表格导出为"对话框

表格导出前后效果对比如图 6-30 所示。

图 6-30 表格导出前后效果对比

6.1.5 用表格进行页面排版

在文档编辑状态下,用户可以编辑已设计好的表格,结合表格的"属性"面板改变它的行数、列数,拆分或合并单元格,改变其边框粗细、单元格边距、单元格间距及背景色等。如果需要在页面上进行图文混排,利用表格进行规划设计是一种很好的排版方法,在不同的单元格中放置文本和图片,对相应的表格属性进行适当的设置,很容易就能设计出美观整齐的页面,适合用于小型静态网站。

利用表格进行页面排版的网页 shili2.html 如图 6-31 所示。

图 6-31 用表格进行页面排版的网页

6.2　利用 Div 布局网页

为了能更好地控制页面布局、精确定位及实现简单的动态效果,在 Dreamweaver CS5 中常常用到下面两种网页布局方式:Div+CSS 布局模式和 AP Div 布局模式。

Div(Division)元素用来在页面中定义一个区域,使用 CSS 样式控制 Div 元素的表现效果,Div 元素可以包含文本、图像、表格及其他各种页面内容。在 Dreamweaver CS5 中可以插入两种 Div 元素:一种是"Div 标签",另一种是 AP Div。

6.2.1　Div+CSS 布局网页

Div 标签本身没有任何表现属性,如果要使用 Div 标签显示某种效果,或者显示在某个位置上,必须为 Div 标签定义 CSS 样式,Div 应用于 CSS 样式表时效果更好。使用 Div+CSS 布局可将结构和表现分离,减少了 HTML 文档内大量代码,方便对其阅读,还可以提高网页的下载速度。

1. Div 概述

<div>标签可以把文档分割为独立的、不同的部分。它可以用作严格的组织工具,并且不使用任何格式与其关联。如果用 id 或 class 来标记<div>,该标签的作用会变得更加有效,<div>是一个块级元素。这意味着它的内容自动地开始一个新行,实际上,换行是<div>固有的唯一格式表现,可以通过<div>的 class 或 id 应用额外的样式。

Div 元素是用来为 HTML 文档内大块(Block-Level)的内容提供结构和背景的元素,Div 的起始标签和结束标签之间的所有内容都用来构成这个块,其中所包含元素的特性由 Div 标签的属性来控制,或者是通过使用样式表格式化这个块来进行控制,所有主流浏览器都支持<div>。

2. Div+CSS 布局优势

(1) 精简代码,减少重构难度。

网站使用 Div+CSS 布局使代码很精简,CSS 文件可以在网站的任意一个页面进行调用。若对一个使用 table 表格设计的门户网站进行修改的话,修改页面较麻烦,需手动修改页面。但若使用 Div+CSS 布局,只需修改 CSS 文件中的一个代码即可。

(2) 网页访问速度提升。

使用了 Div+CSS 布局的网页与 Table 布局的网页相比,精简了许多页面代码,其浏览访问速度自然得以提升,从而也提升了网站的用户体验度。

(3) 浏览器兼容性强。

如果使用 table 布局网页,在使用不同浏览器情况下可能会发生错位,而 Div+CSS 则不会,无论什么浏览器,网页都不会出现变形情况。

3. Div 标签的基本操作

使用 Div 标签的方法和使用其他标签方法一样,即<div>HTML 内容</div>。

纯粹 Div 不加任何 CSS 内容，其效果将与<p></p>效果一致。

（1）插入 Div 标签。

可以使用 Div 标签创建 CSS 布局块并在文档中对它们进行定位。如果将包含定位样式的现有 CSS 样式表附加到文档将很有用，Dreamweaver 能够快速插入 Div 标签并对它应用现有样式。

操作步骤：选择"窗口"→"工作区布局"→"经典"命令，调出"插入"工具栏，选择"布局"标签，如图 6-32 所示。在其工具栏中选择"插入 Div 标签"按钮 ，打开"插入 Div 标签"对话框，如图 6-33 所示。

图 6-32　"插入"工具栏

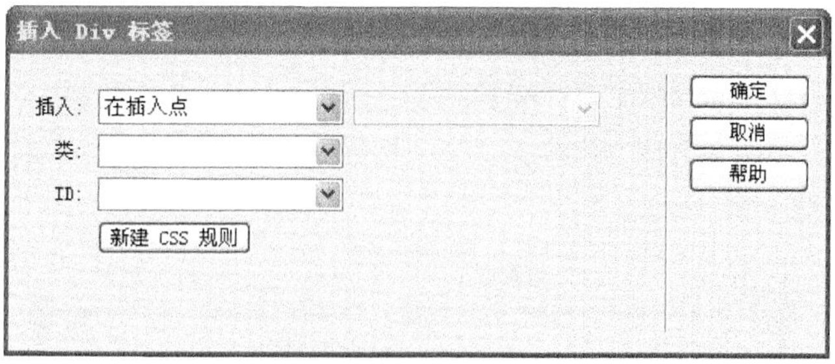

图 6-33　"插入 Div 标签"对话框

同样，选择"插入"→"布局对象"→"Div 标签"命令也可以打开图 6-33 所示的对话框，或者直接在代码视图中添加代码完成，如<div style="color：♯00FF00"> <h3>This is a header</h3> </div>等。

（2）在 Div 标签输入内容。

单击 Div 标签框内的任意位置，在光标定位处输入内容即可，如图 6-34 所示。

（3）删除 Div 标签。

在网页的"设计"视图中选择 Div 标签，按 Delete 键即可删除。

图 6-34　在 Div 标签输入内容

（4）Div 标签嵌套。

Div 标签可以嵌套，单击已插入的 Div 标签内部，然后使用插入 Div 标签的方法即可插入嵌套的 Div 标签。

6.2.2　利用 AP Div 进行网页布局

AP Div 元素是一种网页元素的定位技术，使用 AP Div 元素可以以像素为单位精确定位页面元素，AP Div 元素可以放置在页面的任意位置，对页面操作的布局将更加轻松。

1. AP Div 概述

所谓 AP Div,是指存放文本、图像、表单和插件等网页内容的容器,可以想象成是一张一张叠加起来的透明胶片,每张透明胶片上都有不同的画面,它用来控制浏览器窗口中网页内容的位置、层次。

AP Div 最主要的特性就是它是浮动在网页内容之上的。也就是说,可以在(不影响其他网页元素情况下)网页上任意改变其位置,实现对 AP Div 的准确定位;AP Div 元素可以重叠,所以在网页中可以实现网页内容的重叠效果(如立体字);AP Div 元素还可以被显示或隐藏,可以实现网页导航中的下拉菜单、图片的可控显示或隐藏;还可以通过应用时间轴使其移动和变换,这样在层中旋转一些图片或文本,就能够实现动画的效果。

2. 插入 AP Div

AP Div 可以通过“插入”工具栏中的按钮插入,也可以通过菜单命令插入。

(1) 通过“插入”工具栏中的按钮插入 AP Div。

选择“窗口”→“工作区布局”→“经典”命令,调出“插入”工具栏,单击“布局”标签,如图 6-32 所示。在工具栏中选择“绘制 AP Div”按钮 ,拖曳鼠标就可以在文档指定位置插入一个 AP Div,如图 6-35 所示。

图 6-35   绘制 AP Div

(2) 在页面的“设计”视图中选择“插入”→“布局”→“绘制 AP Div”命令,然后在页面的文档窗口中拖曳鼠标也可以在指定位置插入一个 AP Div。

3. 属性设置

当插入 AP Div 后,可以通过 AP Div 的“属性”面板对它的相应参数进行设置,实现相应效果。选择单个 AP Div 和同时选择多个 AP Div 时,“属性”面板显示的参数也稍有区别。

(1) 单个 AP Div 属性设置。

在页面中选择单个 AP Div,其“属性”面板如图 6-36 所示。

- “CSS-P 元素”下拉列表框:为当前 AP Div 命名,该名称可以在脚本中引用,例如通过编写脚本实现 AP Div 的显示或隐藏等。

图 6-36 AP Div 的"属性"面板

- "左"文本框：设置 AP Div 左边相对于页面左边或父 AP Div 左边的距离。
- "上"文本框：设置 AP Div 顶端相对于页面顶端或父 AP Div 顶端的距离。
- "宽"文本框：设置 AP Div 的宽度值。
- "高"文本框：设置 AP Div 的高度值。
- "Z轴"文本框：设置 AP Div 的 Z 轴顺序，也是设置嵌套 AP Div 在网页中的重叠顺序，较高值的 AP Div 位于较低值的 AP Div 的上方。
- "可见性"下拉列表框：设置 AP Div 的可见性，选项如下。
  - default：表示默认值，其可见性由浏览器决定，大多数浏览器会继承该 AP Div 父 AP Div 的可见性。
  - inherit：表示继承其父 AP Div 的可见性。
  - visible：表示显示 AP Div 及其内容，而与父 AP Div 无关。
  - hidden：表示隐藏 AP Div 及其内容，而与父 AP Div 无关。
- "背景图像"文本框：用于设置背景图像。
- "背景颜色"文本框：设置 AP Div 的背景颜色。
- "类"下拉列表框：选择 AP Div 的样式。
- "溢出"下拉列表框：设置当 AP Div 中的内容超出 AP Div 的范围后显示内容的方式。
  - visible：表示当 AP Div 中的内容超出 AP Div 范围时，AP Div 自动向右或向下扩展，使 AP Div 扩展并显示其中的内容。
  - hidden：表示当 AP Div 中的内容超出 AP Div 范围时，AP Div 的大小保持不变，也不出现滚动条，超出的内容将不显示。
  - Scroll：表示无论 AP Div 中的内容是否超出 AP Div 范围，AP Div 的右端和下端都会出现滚动条。
  - Auto：表示当 AP Div 中的内容超出 AP Div 范围时，AP Div 的大小保持不变，但是在 AP Div 的右端或下端会自动出现滚动条，以使 AP Div 中超出的内容能够通过拖动滚动条来显示。

（2）多个 AP Div 属性设置。

选择 AP Div 时，按住 Shift 键可同时选择多个 AP Div，其"属性"面板如图 6-37 所示。

4. 设置 AP Div 的堆叠顺序

由于 AP Div 可以重叠，因此 AP Div 有一个堆叠顺序的问题，即 Z 轴顺序，通常先创建的 AP Div 的 Z 轴顺序值低，而后创建的 AP Div 的 Z 轴顺序值高，且 Z 轴顺序值大的 AP Div 会遮盖 Z 轴顺序值小的 AP Div 的内容。

图 6-37　多个 AP Div 的"属性"面板

　　操作步骤：选择 AP Div 元素，在其"属性"面板中设置"Z 轴"文档框中的值，可以改变 AP Div 的堆叠顺序。只接受数字，数值越大，AP Div 显示就越在上面。

　　除了在"属性"面板中修改堆叠顺序外，还可以通过菜单命令修改。

　　操作步骤：先选择 AP Div 元素，再选择"修改"→"排列顺序"→"移到最上层"/"移到最下层"命令，即可修改 AP Div 元素的堆叠顺序，如图 6-38 所示。

图 6-38　通过菜单修改 AP Div 参数

　　合理地设置 AP Div 的堆叠顺序，可以有效地控制哪些内容可以被显示，哪些内容需要被隐藏。

　　当选择多个 AP Div 时，图 6-38 所示的"排列顺序"菜单下的"左对齐"、"右对齐"、"上对齐"和"下对齐"等菜单命令将变成实色，分别可以实现多个 AP Div 之间的多种对齐操作。在 AP Div 进行对齐的过程中，会以最后选择的 AP Div 为标准进行对齐；而"排列顺序"菜单下的"设成宽度相同"或"设成高度相同"命令会将所有选择的 AP Div 设置为最后选择的那个 AP Div 为标准的相同的宽度或高度。

5. 绘制嵌套的 AP Div

　　虽然可以通过拖曳鼠标的方式在文档的任意位置绘制 AP Div，制作的 AP Div 之间可以互相重叠，但是在默认情况下，所有的 AP Div 之间并没有嵌套关系。实际上 AP Div 是可以进行嵌套的,在一个 AP Div 内部创建的 AP Div 就称为嵌套 AP Div 或子 AP Div,嵌套 AP Div 外部的 AP Div 称为父 AP Div,子 AP Div 可以浮动于父 AP Div 之外的任何位置,子 AP Div 的大小也不受父 AP Div 的限制,但当父 AP Div 移动时,子 AP Div 会随之一起移动。

操作步骤:先将光标定位到所需的父 AP Div 的内部,通过选择"插入"→"布局对象"→AP Div 命令新建一个 AP Div 作为子 AP Div,即完成了嵌套 AP Div 的创建。

6. AP Div 与表格互换

可以在 AP Div 元素和表格之间进行转换,以调整布局并优化网页设计,尤其当需要支持老版浏览器时,可能需要将 AP Div 元素转换为表格(但不建议转换),因为有可能会产生大量有空白单元格的表格,也可能急剧增加代码。转换时不能只转换页面上部分的表格或 AP Div 元素,必须将整个页面上的 AP Div 转换为表格或将表格转换为 AP Div。

(1)将 AP Div 转换为表格。

转换为表格之前,需要确保 AP Div 元素没有重叠。

操作步骤:选择"修改"→"转换"→"将 AP Div 转换为表格"命令,打开"将 AP Div 转换为表格"对话框,如图 6-39 所示。设置各选项后,单击"确定"按钮即可。

(2)将表格转换为 AP Div。

操作步骤:选择"修改"→"转换"→"将表格转换为 AP Div"命令,打开"将表格转换为 AP Div"对话框,如图 6-40 所示。设置各选项后,单击"确定"按钮即可。

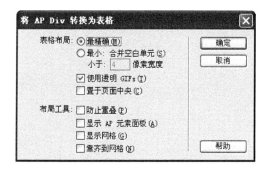

图 6-39 "将 AP Div 转换为表格"对话框

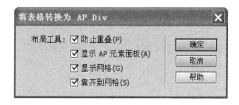

图 6-40 "将表格转换为 AP Div"对话框

7. 设置"AP 元素"面板

选择"窗口"→"AP 元素"命令或按 F2 键,打开"AP 元素"面板,如图 6-41 所示。当前网页中所有 AP Div 都会在"AP 元素"面板中显示,嵌套 AP Div 在面板以层级关系加以体现,如 apDiv4 嵌套在 apDiv3 的内部。

"AP 元素"面板功能介绍:

(1)重命名:双击 AP Div 的名称可以对 AP Div 进行重命名。

(2)改变重叠顺序:单击 AP Div 后面的数字可修改 AP

图 6-41 "AP 元素"面板

Div 的 Z 轴顺序,即重叠顺序,数值大的位于上面。

（3）切换显示/隐藏：单击 AP Div 名称前会出现一个眼睛图标,眼睛睁开图标  表示该 AP Div4 处于显示状态；如果再次单击眼睛图标,切换到眼睛闭合图标 ,则表示该 AP Div 处于隐藏状态；如果未显示眼睛图标,表示没有指定可见性。

（4）防止重叠：选择"防止重叠"复选框,可以防止 AP Div 重叠,否则不能创建嵌套 AP Div。

8. AP Div 网页布局效果

利用 AP Div 元素可重叠等特点制作一个简单的 AP Div 布局页面,如图 6-42 所示。

图 6-42　AP Div 布局页面

6.3　利用框架布局网页

框架技术是一种常用的布局技术,可以将浏览器分割成多个小窗口,并且在每个小窗口中可以显示不同的网页,这样就可以很方便地在浏览器中浏览不同的网页效果。

当浏览器分割成多个窗口后,各窗口就会扮演不同的角色,实现不同的功能。比如有些论坛就是把浏览器分割成两个窗口,一个窗口主要显示帖子的标题,而另一个窗口会显示具体的内容,这样的设计显然比起一个窗口的网页在浏览时方便得多,而且也可以任意的切换题目。对于页面较长,部分固定区域不变的网页,可以使用框架进行布局。框架结构也常被用在具有多个分类导航或多项复杂功能的 Web 页面上。

6.3.1　框架和框架集

框架是由框架集和框架两个主要部分组成,框架集是一个在文档内定义一组框架结构的页面,并不显示在浏览器中,只是存储了各个框架的结构、数量、大小和目标等信息；框架是指网页在一个浏览器窗口下分割成的多个不同区域,每一个区域都是单独的网页文档,如图 6-43 所示。当浏览者进行框架网页访问时,实际上访问的是框架集网页,框架集根据自已记录的框架及框架信息将各框架所对应的网页内容一并显示在同一个窗口中,给浏览者的感觉就如在一个网页中。实际上,图 6-43 所示的框架网页中包含了 4 个网页,其中有三个框架网页,一个框架集网页。

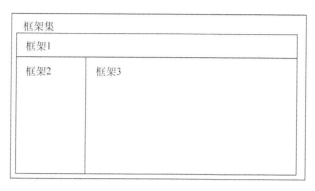

图 6-43　框架结构

6.3.2　创建框架

创建框架网页主要有以下三种方法:

1. 通过菜单创建框架

选择"文件"→"新建"命令,打开"新建文档"对话框,如图 6-44 所示。选择"示例中的页"选项卡,在"示例文件夹"列表框中选择"框架页"选项,在"示例页"列表框中选择需要的框架结构,单击"创建"按钮,打开"框架标签辅助功能属性"对话框,如图 6-45 所示。设置好后,单击"确定"按钮,完成框架网页的创建。

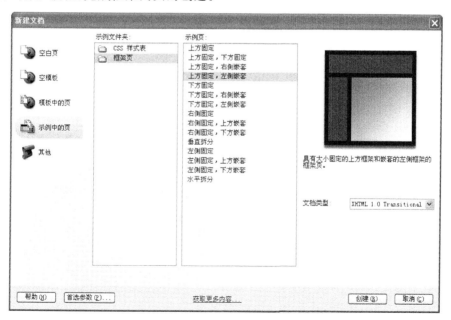

图 6-44　通过菜单创建框架

2. 通过"布局"插入栏创建框架

新建空白网页文档后,选择"窗口"→"工作区布局"→"经典"命令,调出"插入"工具栏,单击"布局"标签,如图 6-32 所示。单击其中的"框架"按钮  右侧的下拉按钮,在弹出的下拉菜单中选择相应的选项,如图 6-46 所示,同样打开"框架标签辅助功能属性"对话框,如图 6-45 所示。设置好后,单击"确定"按钮,完成框架网页的创建。

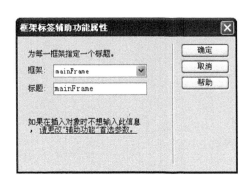

图 6-45 "框架标签辅助功能属性"对话框

图 6-46 通过"布局"插入栏
创建框架

3. 手动创建框架

前面两种创建框架的方式都是 Dreamweaver CS5 预定义的框架样式,有时并不符合实际的设计需求,这时可以手动创建框架网页。

操作步骤:新建一个空白网页,在拖动创建框架之前应先将框架边框显示出来,选择"查看"→"可视化助理"→"框架边框"命令,框架边框就在编辑窗口四周显示出来,然后通过拖动框架边框线的方法进行框架的拆分,将光标定位到需要分割的框架中,按住 Alt 键不放,将光标移动到框架边框线上,直到光标变为双向箭头形状后进行拖动,拖到合适位置后松开鼠标左键和 Alt 键,这时就可以将一个框架拆分为两个框架。如果将鼠标移到左上角的框架边上,当光标变成四向箭头时,按住鼠标左键不放,进行拖动,到合适位置后松开鼠标左键,可将框架集拆分为 4 个框架,如图 6-47 所示。

如果需要取消某些框架线,可选择一个框架线后,按住鼠标左键不放,拖向四周的一个个边缘,直到其消失再松开鼠标左键即可。

6.3.3 保存框架

一个框架网页包含一个框架集网页和多个框架网页,框架网页创建完毕后,需要及时对其保存,保存时可以保存其任一框架中的网页文档,也可以保存框架集文档,当然也可以同时保存所有的框架网页文档和框架集文档。

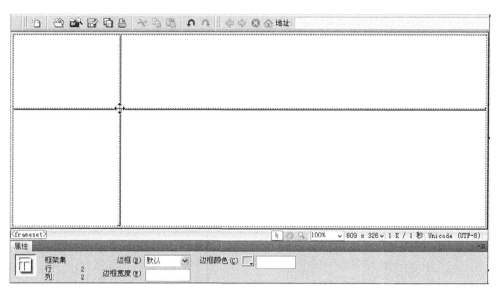

图 6-47 手动创建框架

1. 保存框架文档

保存框架文档主要指单独保存框架结构中的某一个框架网页。

操作步骤：将光标定位到需要保存的框架网页中，选择"文件"→"保存框架"命令，如图 6-48 所示。打开"另存为"对话框，在对话框中设置好保存位置及文件名后，单击"保存"按钮即完成了一个框架网页的保存操作。

2. 保存框架集文档

操作步骤：用鼠标指向网页的左上角，当光标变成四向箭头时单击整个框架，使整个框架被选择。选择"文件"→"框架集另存为"命令，打开"另存为"对话框，如图 6-49 所示。"文件名"下拉列表框中默认名称是 UntitledFrameset-序列号，选择好保存位置及修改文件名后，单击"保存"按钮即可。

图 6-48 保存一个框架网页

3. 保存所有文档

如果是首次保存框架网页文档和框架集文档，可以使用"保存全部"命令将所有的框架网页文档和框架集文档一次性全部保存。

操作步骤：选择"文件"→"保存全部"命令，在打开的对话框中依次设置好保存路径和文件名，单击"保存"按钮就完成了对框架所有文档的保存操作。在保存过程中，通常会先保存框架集文档 FrameSet，再保存各个框架网页文档 Frame，被保存的当前文档所在的框架或框架集用粗线表示。

图 6-49　保存框架集文档

6.3.4　编辑框架

1. 设置属性

选择"窗口"→"框架"命令,可以调出浮动面板组中的"框架"面板,如图 6-50 所示。在显示的"框架"面板中单击所需的框架即可将其选择,被选择的框架会以加粗的黑框线加以显示,并且同时在编辑窗口中对应框架加上了虚线边框表示被选择状态。

当某个框架网页被选择后,其框架的"属性"面板如图 6-51 所示。

图 6-50　"框架"浮动面板

- "框架名称"文本框:设置框架的名称,名称由英文字母、数字、下划线或空格组成并以英文字母开头,名称可以被JavaScript 程序引用,也可以作为打开链接的目标框架名。
- "源文件"文本框:设置选定框架源文件的 URL,可以在文本框中直接输入源文件的路径和名称,也可以单击文本框后面的"浏览"按钮 📁,在打开的对话框中重新指定源文件。
- "滚动"下拉列表框:设置当显示空间不够时是否出现滚动条。

图 6-51 框架的"属性"面板

- 是：表示始终显示滚动条。
- 否：表示始终不显示滚动条。
- 自动：表示当框架文档内容超出了框架大小时才会出现框架滚动条。
- 默认：表示采用大多数浏览器采用的自动方式。

- "不能调整大小"复选框：如果选择该复选框，表示不能在浏览器中通过拖动框架边框来改变框大小。
- "边框"下拉列表框：设置是否显示框架的边框。
- "边框颜色"文本框：设置框架边框颜色。
- "边界宽度"文本框：设置当前框中的内容距左右边框间的距离。
- "边界高度"文本框：设置当前框中的内容距上下边框间的距离。

除了可以设置单个框架网页的属性外，还可以设置整个框架集的属性。选择框架集后，该框架集的"属性"面板如图 6-52 所示。同上面的框架属性设置基本相同，但在"行"或"列"栏中可以设置框架的行或列的宽度，并在"单位"下拉列表框中选择合适的度量单位。

图 6-52 框架集的"属性"面板

2．拆分框架

制作框架网页可以根据 Dreamweaver CS5 定义的框架集来创建，也可以自行设计各种类型的框架集结构，以符合设计要求。自行设计框架集结构，其实就是拆分框架，可以使用鼠标拖动框架集的外边框直接进行拆分。对于内部已有框架线，也可以用鼠标直接拖动框架线实现进一步拆分。

操作步骤：按住 Alt 键，选择左侧框架，用鼠标向右拖动框架的右边框，将其拆分成不同的框架。

拆分框架除了按住 Alt 键进行拖动拆分外，也可以通过菜单命令实现拆分。

操作步骤：先将光标定位到要拆分的框架网页中，选择"修改"→"框架集"命令，弹出图 6-53 所示的"拆分左框架"、"拆分右框架"、"拆分上框架"和"拆分下框架"等命令，选择其中一项命令即可实现对框架相应的拆分操作。

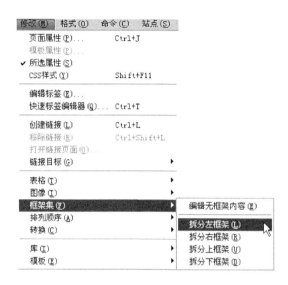

图 6-53　拆分框架

3. 删除框架

如果框架集中有多余的框架,也可以将其删除,用鼠标将框架边框脱离编辑窗口即可删除框架。

操作步骤:将光标定位到需要删除的框架边框上,当鼠标变为左右两个方向箭头时,按住鼠标左键不放进行拖动,将其边框拖到页面外后,释放鼠标左键就完成了删除操作。

如果框架中有未保存的内容,Dreamweaver CS5 会提示保存该文档。通过关闭显示框架集的文档窗口可以删除框架集,如果该文件已经保存,可以删除该文件。

4. 链接框架

要在一个框架中使用链接打开另一个框架中的文档,必须设置链接目标;链接的目标属性指定在其中打开链接的内容框架或窗口。如果导航条位于左框架,而希望链接的材料显示在右侧的主要内容框架中,则必须将主要内容框架的名称指定为每个导航条链接的目标。当访问者单击导航链接时,将在主框架中打开指定的内容。

在“属性”面板中的“目标”下拉列表中选择 mainFrame 选项,用来作为指向链接的目标;在“属性”面板中的“链接”下拉列表中选择链接文档应在其中显示的框架或窗口。设置好“链接”后,再设置对应的“目标”位置。

- _blank:打开一个新窗口显示目标网页。
- _parent:目标网页的内容在父框架窗口中显示。
- _self:目标网页的内容在当前所在框架窗口中显示。
- _top:目标网页的内容在最顶层框架窗口中显示。

6.3.5　用框架布局网页

在网页中,一个网页可以包含多个页面,此时需要用到框架。使用框架可以进行页面布局,把网页划分为几个区域。图 6-54 所示就是用框架布局的一个示例,这个页面可分为顶部框架、左侧框架和右侧框架三个框架,其中顶部框架为固定区,主要用于设置标题等信息;左侧框架为导航区,加上超链接后,每选择一项内容都在右侧有所展示;而右侧框架则为内容区,主要用于显示不同的分页内容。

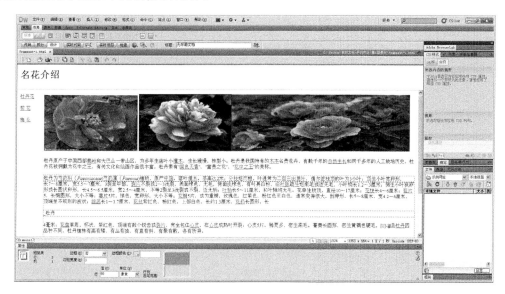

图 6-54 框架布局网页

第7章 网页超链接

超链接是 WWW 技术的核心,是网页中最重要、最根本的元素之一。超链接能够使多个孤立的网页之间产生一定的相互联系,从而使单独的网页形成一个有机的整体。

7.1 超链接概述

超链接在本质上属于网页的一部分,它是一种允许网页同其他网页或站点及文件之间进行连接的元素。各个网页链接在一起才能真正构成一个网站。所谓的超链接是指从一个网页指向一个目标的连接关系,这个目标可以是另一个网页,也可以是相同网页上的不同位置,还可以是一个图片、一个电子邮件地址、一个文件,甚至是一个应用程序等。在一个网页中用来超链接的对象,可以是一部分文本或者是一个图片及图片的部分区域。当浏览者单击已经链接的文字或图片后,链接目标将显示在浏览器上,并且根据目标的类型来打开或运行。

按照链接路径的不同,网页中的超链接一般分为以下三种类型:内部链接、锚点链接和外部链接。如果按照使用对象的不同,网页中的链接又可以分为文本超链接、图像超链接、E-mail 链接、锚点链接、多媒体文件链接和空链接等。

7.2 链接路径

7.2.1 文档的路径

在创建超链接之前,首先了解网站中三种类型的文档路径:绝对路径、与根目录相对路径及与文档相对路径。

(1)绝对路径。是指包含服务器协议(对于网页来说通常是 http://或 ftp://)的完全路径,绝对路径包含的是精确地址的位置。但是,如果目标文件被移动,则链接无效。创建外部超链接时必须使用绝对路径。

(2)与根目录相对路径。是从当前站点的根目录开始的路径。站点上所有可公开的文件都存放在站点的根目录下。与根目录相对路径使用斜杠以告诉服务器从根目录开始。

(3)与文档相对路径。是指和当前文档所在的文件夹相对的路径。这种路径通常是最简单的路径,可以用来链接与当前文档处于同一文件夹下的文档。

7.2.2　超链接的路径分类

网页上的超链接一般分为以下三种。

1. 绝对 URL 的超链接

URL(Uniform Resource Locator,统一资源定位符),简单地讲就是网络上的一个站点、网页的完整路径,如 http://www.sina.cn。创建到其他服务器上的外部链接时,必须使用绝对路径。创建内部链接时,通常不指定链接到固定的 URL 上,而是指定一个起自当前文档或站点根目录文件夹的相对路径,以方便站点移动时链接的维护。

2. 相对 URL 的超链接

例如将自己网页上的某一段文字或某标题链接到同一网站的其他网页上面去,这时通常使用文档相对路径。文档相对路径省略了与当前文档和所链接的文档都相同的绝对的 URL 部分,而只提供不同的路径部分,前提是文档最好先保存到相应位置。

相对 URL 的超链接具体分为三种情况:

(1) 如果当前文档与链接目标文档处于同一文件夹时,相对路径只提供目标文档文件名即可,如 shili6.html 等。

(2) 如果链接目标文档处于当前文档所在文件夹的子文件夹中,那么相对路径提供到目标文档路径的子文件夹名和目标文档文件名,中间用正斜杠"/"分隔,如 fenye/shili1.html 等。

(3) 如果链接目标文档处于当前文档所在文件夹的父文件夹中,那么相对路径提供目标文档文件名的同时,前面还要添加"../"表示到上一级文件夹,如 ../index.html 等。

3. 同一网页内的超链接

在同一网页内的超链接就要使用锚点(也称为书签)的超链接,一般用"#"号加上名称链接到同一页面的指定地方,即锚记所在位置。

7.3　创建超链接

7.3.1　创建文本超链接

文本超链接是网页中最常见的超级链接,文本对象可以创建普通链接、锚点链接和电子邮件链接等。下面以站内链接为例,具体操作步骤: 先选中要创建超链接的文本,打开"属性"面板,如图 7-1 所示。

单击"属性"面板中"链接"下拉列表框后的"浏览文件"按钮 🗀 ,打开"选择文件"对话框,如图 7-2 所示。

在"查找范围"下拉列表框中指定链接目标文件的位置,在"文件名"列表框中选择需要链接的具体文档,在"相对于"下拉列表框中设置相对关系,单击"确定"按钮,关闭该对话框。

图 7-1 文本超链接的"属性"面板

图 7-2 "选择文件"对话框

在"属性"面板的"目标"下拉列表框中指定链接网页打开的方式。"目标"也称为目标区,即超级链接指向的页面出现在什么目标区域,默认的情况下有几个选项:

- _blank:单击每一个链接,都在一个新窗口中打开。
- _new:在同一个刚创建的窗口中打开。
- _ parent:如果是嵌套的框架,会在父框架或窗口中打开链接的文档;如果不是嵌套框架,则与选择 top 选项的效果相同,在整个浏览器窗口中打开所链接的文档。
- _self:浏览器默认的设置,在当前网页所在窗口中打开所链接的网页。
- _top:在完整的浏览器窗口中打开网页。

也可以通过"属性"面板中"链接"下拉列表框后面的"指向文件"按钮 ⊕ 创建超链接。

操作步骤:先选中要创建超链接的文本,在"属性"面板中单击"链接"下拉列表框后面的"指向文件"按钮 ⊕,按住鼠标左键不放拖动到右边的浮动面板"文件"面板中要链接的目标文件上,如图 7-3 所示,指定好目标文件后再松开鼠标左键,再设置相应的"目标"方式即可。但必须要建立本地站点,且本地站点上还要有文件存在,才能使用此方法。

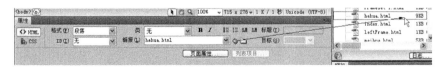

图 7-3 利用"指定文件"按钮创建文本超链接

如果要创建站外的超链接,则直接在"属性"面板的"链接"下拉列表框中输入绝对路径即可,例如输入 http://www.baidu.com 等。超链接设置结束后,在网页中被选择的文字颜色默认变为蓝色,且在文字底部出现一条下划线,即表示文字的超链接设置完成,保存后按 F12 键预览网页。

删除文本超链接比较容易,操作步骤:先用鼠标选中已设置过链接的文本对象,将光标定位在其"属性"面板的"链接"文本框中,用 BackSpace 键或 Delete 键将其显示的超链接对象文件名删除,按 Enter 键即可取消文本超链接;或者右击被链接的文本后,在弹出的快捷菜单中选择"移除链接"命令或选择"修改"→"移除链接"命令,也可删除文本超链接。

7.3.2 创建图像超链接

在图像上创建超链接有两种情况:一种是创建整个图像的超链接;另一种是创建图像上的热点链接,即在一个图像的不同区域创建热点,单击不同的热点区域可以链接到不同的目标。

1. 整个图像的超级链接

整个图像的超链接创建与文本的超链接创建基本相同,操作步骤:选中所需建立超链接的图片,此时属性面板为图片的"属性"面板,如图 7-4 所示,在图片"属性"面板中为图片添加文档相对路径的链接。具体方法可参考为文本添加超链接的操作,保存后按 F12 键预览网页。

图 7-4 图像的"属性"面板

图像链接不像文本链接那样会发生许多提示,图像本身不会发生改变,只是在预览网页时,当鼠标指针经过带链接的图像时,指针的形状变为"手"的形状。单击图像就会打开所链接的对象。

2. 图像的热点链接

图像热点是指在一幅图片上创建多个区域,并可以单击触发,当单击某个热点时会发生某种链接或行为。

创建图像的热点链接,需要先创建图像的热点区域,操作步骤:选中某图像后,在图像"属性"面板中使用热区工具(如矩形热点工具 ▢ 、圆形热点工具 ◯ 、多边形热点工具 ▽),在图像上划分热区,热区划分后,打开热点"属性"面板,如图 7-5 所示,为绘制的每一个热区设置不同的链接地址和替换文字。

网页文件 shili7.html 设计完成后的效果如图 7-6 所示,保存后按 F12 键预览网页,单击图像中每朵花的热点区域,就会打开相应的分页,去详细查看每种花的介绍。

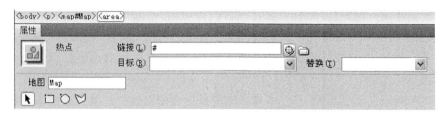

图 7-5　图像热点"属性"面板

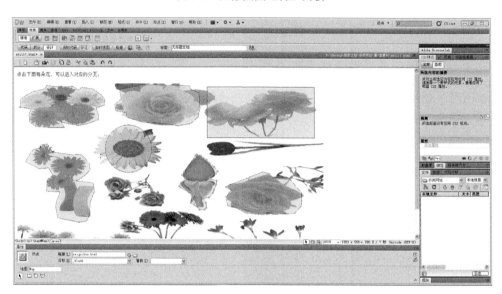

图 7-6　图像热点效果

7.3.3　创建锚点超链接

锚点链接是指跳到网页某一特定位置的超链接,这种链接的目标端点是网页中的"命名锚记"。利用这种链接,可以跳转到当前网页中的某一指定位置上,也可以跳转到其他网页中的某一指定位置上。比如在一些内容很多的网页中,通常会在该网页开始部分的小标题上设置好锚点链接,当浏览者单击网页中的部分小标题时,网页可以直接跳到小标题对应的内容部分,免去浏览者翻阅网页寻找信息的麻烦。

锚点用来标记文档中的特定位置,使用锚点可以跳转到当前文档或其他文档中的标记位置。在网页中创建锚点链接包括两个步骤:一是在网页中创建命名锚记,二是为命名锚记建立超链接。

1. 创建锚记

创建命名锚记,就是在网页中设置位置标记,并给该位置一个名称,以便引用。

操作步骤:将光标定位到需要插入锚点的位置,选择"插入"→"命名锚记"命令,打开"命名锚记"对话框,如图 7-7 所示。在对话框中设置好锚记名称,单击"确定"按钮,在光标所在位置会出现

图 7-7　"命名锚记"对话框

命名锚记 （注意锚记名称区分大小写）。

2．链接锚记

操作步骤：在"设计"视图的文档中先选择需要创建锚记链接的文本或图像，在"属性"面板的"链接"栏后的文本框中直接输入"♯锚记名称"即可。

注意：如果链接的目标锚点标记在当前页面即输入"♯锚记名称"；如果链接的目标锚点标记在其他网页，即要输入目标网页的地址和名称，然后再输入"♯锚记名称"。例如在图 7-8 所示的效果图中，选中"荷花"文本后，在"属性"面板的"链接"文本框中输入♯hehua，就将命名锚记链接到了"荷花"文本上，保存后按 F12 键浏览时，单击"荷花"文本，网页会立即跳转到相应锚记处。

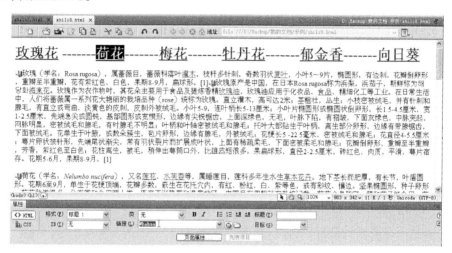

图 7-8　锚记链接

还可以通过拖曳的方式来进行锚点链接。

方法一：选择要链接的文本或图片后，按住 Shift 键不放，然后拖动鼠标指向锚点标记位置上，在"属性"面板的"链接"文本框中会自动出现符号♯和该锚记的名称，确认后释放鼠标左键和 Shift 键即可完成链接，如图 7-9 所示。

图 7-9　拖动实现锚点链接

方法二：选择要链接的文本或图片后，按住"属性"面板的"链接"文本框后的"指向文件"按钮 ，并拖动鼠标指向锚点，在"属性"面板的"链接"文本框中会自动出现符号♯和该锚记的名称，确认后释放鼠标左键即可实现链接。

在命名锚记时,要注意尽量使用字母和数字并以字母开头,锚点名称中间不能含有空格和特殊字符,在链接锚记时,在符号♯和"锚记名称"之间不要留有空格,符号♯必须是半角符号,不能为全角符号,否则链接会失效。在同一个页面中,命名锚记的名称不能重复,否则系统会不知道跳转到哪个命名锚记处。

7.3.4　创建电子邮件超链接

电子邮件超链接是一种链接到电子邮件地址的链接,在浏览器上单击这种链接,可以启动电子邮件程序(如 Outlook、Foxmail 等)书写邮件,并将电子邮件链接中的 E-mail 地址添加到地址栏中,设置好后可发送到指定的地址。

操作步骤:选中需要设置链接的文本或图像,在"属性"面板的"链接"栏中直接输入"mailto:邮件地址",如 mailto:master@qq.com;或者选择"插入"工具栏中"常用"标签里的"电子邮件链接"按钮 ,打开"电子邮件链接"对话框,如图 7-10 所示,在"电子邮件"文本框中直接输入邮件地址即可,如 master@qq.com 等,网页文件保存后按 F12 键预览效果。

图 7-10　"电子邮件链接"对话框

7.3.5　创建空链接

空链接是一个未指定目标的链接,通常用来激活页面中的对象或文本。当文本或对象被激活后,可以为之添加行为。

操作步骤:选中要制作空链接的对象,在链接文本框中直接输入♯。

7.3.6　创建 JavaScript 链接

创建 JavaScript 链接可以让浏览者不用离开当前页面就可以获得一个额外的信息。

操作步骤:选择需要建立 JavaScript 链接的文本或图像等对象,在"属性"面板的"链接"文本框中输入相应的 JavaScript 代码。例如,JavaScript:alert('JavaScript 链接的警告!')可以弹出一个警告窗口;JavaScript:self:close()或 JavaScript:window.close()可以关闭当前窗口等,如图 7-11 所示。网页文件保存后按 F12 键预览效果。

7.3.7　下载超链接

软件下载是通过超链接实现的,只不过超链接指向的对象不是一般的 HTML 网页文件,而是.exe 类型的可执行文件或.zip、.rar 类型的压缩文件及.ppt、.doc 类型的文档文件等。当单击"下载"链接时会打开"文件下载"对话框,询问是打开还是保存,如图 7-12 所示。

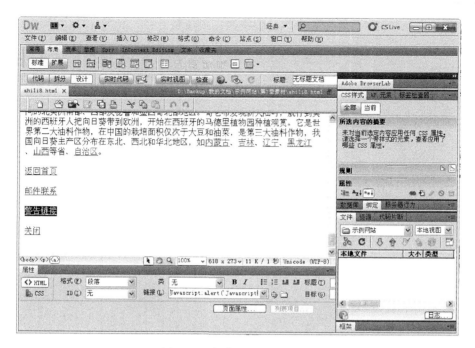

图 7-11　创建 JavaScript 链接

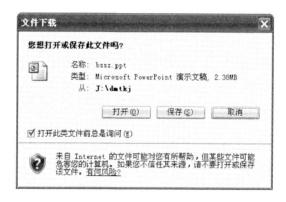

图 7-12　"文件下载"对话框

7.4　管理超链接

在 Dreamweaver CS5 中可以设置链接管理属性开启链接管理功能。开启链接管理功能后,对站点内文档进行移动或重命名等操作时,站点能自动更新与该文档有关的链接。

7.4.1　设置链接管理属性

1. 更新超链接

操作步骤:打开某一网页后,选择"编辑"→"首选参数"命令,打开"首选参数"对话框,如图 7-13 所示。选择"常规"分类,在"文档选项"选项区域中的"移动文件时更新链接"下拉列表中选择"总是"或者"提示",单击"确定"按钮完成设置。

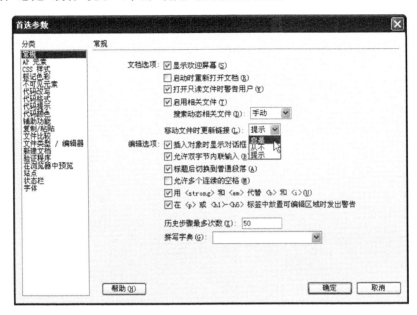

图 7-13　更新超链接设置

2. 更改超链接

除了可以自动更新超链接外,还可以手动更改所有链接,包括电子邮件链接、FTP 链接、空链接和脚本链接等;也可以选择"站点"→"改变站点范围的链接"命令,打开"更改整个站点链接"对话框,如图 7-14 所示,单击其中的"浏览文件"按钮 📁 ,弹出"选择要修改的链接"对话框,选择新的连接内容,分别设置好后,单击"确定"按钮,实现更改链接。

图 7-14　"更改整个站点链接"对话框

3. 检查超链接

Dreamweaver CS5 提供了"结果"浮动面板组,除了具有检查浏览器兼容性、代码兼容性等强大功能外,还可以利用它来检查甚至修改站点中的超链接。

操作步骤:选择"站点"→"检查站点范围的链接"命令,打开"结果"浮动面板组,选择其中的"链接检查器"标签,如图 7-15 所示。单击其左边的"检查链接"按钮 ▶ ,在打开的如图 7-16 所示的菜单中选择一项进行链接的检查操作,其中包括检查当前文档中的链接、检查整个当前本地站点的链接和检查站点中所选文件的链接。

在"结果"浮动面板组的"链接检查器"标签下的"显示"标识符后的下拉列表框中还可以选择"断掉的链接"、"外部链接"或"孤立的文件"选项,如图 7-17 所示,分别用来修复断掉的链接和外部链接及孤立文件等,其中孤立文件并不是指没有用的文件,而是指没有与其他网页发生链接的文件。对于该列表中的文件,除非是经过检查后确定这些文件是没用的才可以删除,否则最好不要一次全部删除,以免追悔莫及。

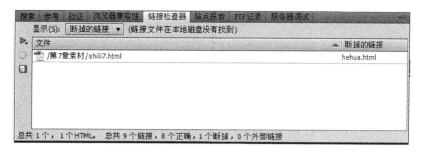

图 7-15　链接检查器

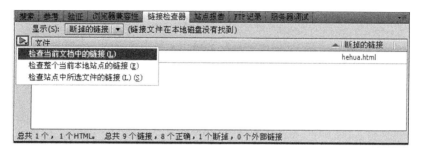

图 7-16　检查链接

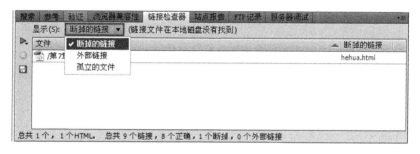

图 7-17　显示下拉列表框

7.4.2　合理安排超链接

合理安排超链接在网页的制作中是非常重要的。采用什么结构的链接会直接影响到网页的布局,建议合理安排超链接:

(1) 应该避免存在孤立的文件,这样能使将来在修改和维护链接时有清晰的思路。

(2) 在网页中避免使用过多的超级链接。在一个网页中设置过多超链接会导致网页的观赏性不强,文件过大,如果避免不了过多的超链接,可以尝试使用下拉列表框、动态链接等一些链接方式。

(3) 网页中的超链接不要超过 4 层。链接层数过多容易让人产生厌烦的感觉,在力求做到结构化的同时,应注意链接避免超过 4 层。

(4) 页面较长时可以使用书签。在页面较长时,可以定义一个书签,这样能让浏览者方便地找到想要的信息。

(5) 设置主页或上一层的链接。有些浏览者可能不是从网站的主页进入网站的,设置主页或上一层的链接会让浏览者更加方便地浏览全部网页。

第 8 章

网页高级应用

前面章节已经详细介绍了静态网站的设计技术基础,本章将介绍网页设计技术中的高级应用,主要包括行为的应用、表单的使用、CSS 的应用、模板和库的应用等。在网页设计中,充分运用这些高级应用技术,可以制作出更加规范、更加精彩、更具活力的网页。

8.1 行为的应用

行为是用来动态响应用户操作、改变当前页面效果或是执行特定任务的一种方法。行为由事件和动作构成。事件是为大多数浏览器理解的通用代码,浏览器通过释译来执行动作。一个事件也可以触发许多动作,可以定义它们执行的顺序。在"行为"面板中指定一个动作,再指定触发该动作的事件,从而将行为添加到页面元素中。利用 Adobe Dreamweaver CS5 中的行为,无须书写代码,就可以实现丰富的动态页面效果,达到用户与页面的交互目的。

8.1.1 事件与动作

一般来说,行为是动作和触发该动作的事件的结合体。

1. 事件

事件是触发动态效果的原因,它可以被附加在各种页面元素上,也可以被附加到 HTML 标记中。一个事件总是针对页面元素或标记而言的,是访问者在浏览器上执行的一种操作。例如,在某个对象上,单击、双击、鼠标指针放在某个对象上或把鼠标指针移到某对象之外,这是与鼠标有关的 4 个常见事件(单击——onClick、双击——ondblClick、鼠标移到某对象上——onMouseOver 及鼠标从某对象上移开——onMouseOut),不同的浏览器支持的事件种类和数量是不同的,通常高版本的浏览器支持的事件更多。

不同的事件作用的对象不同,如 onClick、ondblClick、onMouseOver 及 onMouseOut 等事件一般作用在图片、链接上,不能直接作用在文字上;onLoad(打开网页)和 onunLoad(离开网页)事件一般作用在 body 标记上。

2. 动作

动作其实是一段网页上的 JavaScript 代码,这些代码在特定事件被激发时执行,从而实现访问者与 Web 页进行交互,以多种方式更改页面或执行某些任务,通过动作来完成动态效果。在 Dreamweaver CS5 中提供的一些动作都是由 Dreamweaver 事先编写的,用户在 Dreamweaver 的"行为"中可以轻松地为某个对象添加而不必自己编写。

3. 事件与动作的关系

将"事件"和"动作"组合起来就构成了"行为"。将行为附加到页面元素之后,只要对该元素触发所指定的事件,浏览器就会调用与该事件关联的动作(JavaScript)。例如,将 onMouseOver 行为事件与一段 JavaScript 代码相关联,当鼠标指针指向页面元素上时就可以执行相应的 JavaScript 代码(动作)。一个事件可以触发多个动作,在实际运行中根据设置的次序进行动作。

除了 Dreamweaver CS5 内置的 20 多个行为外,用户还可以链接 Adobe 官方网站以获取更多的行为。

8.1.2　行为面板

在 Dreamweaver CS5 中,对"行为"的添加和控制主要通过"行为"面板来实现。选择"窗口"→"行为"命令,打开"行为"面板,如图 8-1 所示。

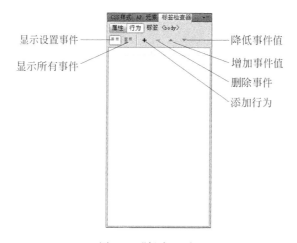

图 8-1　"行为"面板

在"行为"面板上有 6 个按钮,分别是显示设置事件按钮、显示所有事件按钮、添加行为按钮、删除事件按钮、增加事件值按钮和降低事件值按钮,主要作用如下:

1. "显示设置事件"按钮

单击"显示设置事件"按钮,仅显示附加到当前文档的那些事件。"显示设置事件"是默认的视图,如图 8-2 所示,它是一个网页已添加行为时的"行为"面板显示效果。

2. "显示所有事件"按钮

单击"显示所有事件"按钮,显示所有事件,如图 8-3 所示。

图 8-2   显示设置事件   图 8-3   显示所有事件

3."添加行为"按钮 +.

单击"添加行为"按钮,会出现一个"添加行为"菜单,如图 8-4 所示。其中包含可以附加到当前所选元素的所有行为。当从该菜单中选择一个行为时,将出现一个对话框,在该对话框中可以指定附加行为的相关参数。如果某行为灰显,说明该动作不能附加在所选页面元素上。

页面添加的行为会显示在"行为"列表框中,当单击行为列表框中所选事件名称旁边的箭头按钮时,会出现一个下拉列表,其中包含可以触发该动作的所有事件,如图 8-5 所示。只有在选择了行为列表中的某个事件时才显示此列表。根据所选对象的不同,显示的事件也有所不同。

图 8-4   "添加行为"菜单   图 8-5   事件菜单

4."删除事件"按钮 ▬

单击"删除事件"按钮,可以从行为列表中删除所选的事件和动作。

5."增加事件值"按钮 ▲ 和"降低事件值"按钮 ▼

将特定事件的所选动作在行为列表中向上或向下移动。给定事件的动作是以选定的顺序执行的,可以为选定的事件更改动作的顺序。对于不能在列表中上下移动的动作,箭头按钮将被禁用。

8.1.3 向页面中添加基本行为

通过"行为"面板上的"添加行为"按钮 ✚‚,可以将行为附加到整个文档,也可以附加到链接、图像、文本、表单元素或其他 HTML 元素中的任何一种。

Dreamweaver CS5 自带的行为非常丰富,基本上可以满足页面设计的需要,下面就Dreamweaver CS5 内置的几个常用行为的使用方法作具体介绍。

1.交换图像

"交换图像"行为通过更改 img 标签的 src 属性将一个图像和另一个图像进行交换。使用此行为可以创建"鼠标经过图像"或其他图像效果(包括一次交换多个图像)。插入"鼠标经过图像"会自动将一个"交换图像"行为添加到页面中。

注意:使用该行为必须用一幅与原始图像一样大的图像来交换原来的图像,否则交换的图像将被压缩或扩展以适应原始图像的尺寸,这样会影响图像的显示效果。

步骤如下:

(1)新建一个 HTML 文件并保存,文件名为 jhtx.html。

(2)在文档中插入交换原图像(jhyt.jpg 文件存储在"第 8 章素材"中),如图 8-6所示。

(3)选取并打开"行为"面板,单击"添加行为"按钮 ✚‚,并从"行为"下拉列表中选择"交换图像"命令,打开"交换图像"对话框,如图 8-7 所示。

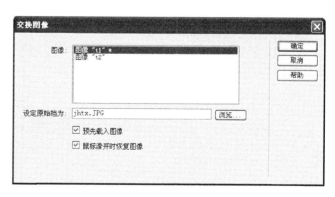

图 8-6 插入交换原图像　　　图 8-7 "交换图像"对话框

其中：
- 图像：选取需要改变其源文件的图像。
- 设定原始档为：单击"浏览"按钮，选取新图像的文件（新图像 jhtx.jpg 文件存储在 "第 8 章素材"中），或在其文本框中输入新图像的文件路径和名称。
- 预先载入图像：预先下载新图像，提高图像显示效果。

（4）设置完成后，单击"确定"按钮。

（5）在"行为"面板选择适当的事件，默认情况下，"恢复交换图像"的事件是 onLoad；"交换图像"的事件是 onMouseOver。

（6）保存并预览，效果如图 8-8 所示。

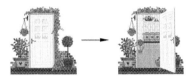

图 8-8　预览效果

2. 弹出信息

使用"弹出信息"行为将显示一个带有指定信息的警告窗口，该警告窗口包含 JavaScript 警告和一个"确定"按钮。使用此行为只能提供信息，而不能为用户提供选择。

步骤如下：

（1）新建一个 HTML 文件并保存，文件名为 tcxx.html。

（2）选取并打开"行为"面板，单击"添加行为"按钮 ，并从"行为"下拉列表中选择"弹出信息"命令，打开"弹出信息"对话框，如图 8-9 所示。

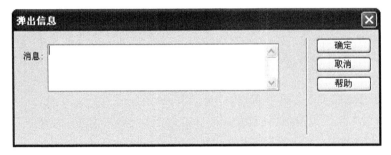

图 8-9　"弹出信息"对话框

（3）在"消息"列表框中输入要显示的信息文字，如"欢迎登录数字承德！避暑山庄和合承德"。

（4）设置完成后，单击"确定"按钮。

（5）检查"行为"面板中默认事件是否是所需的事件。若不是，从弹出式菜单中选择适合的事件。

（6）保存并预览，效果如图 8-10 所示。

图 8-10　预览效果

3. 打开浏览器窗口

使用"打开浏览器窗口"行为可在一个新窗口中打开 URL。可以指定新窗口的属性（包括其大小）、特性（是否可以调整大小、是否具有菜单栏等）和名称。

步骤如下：

（1）新建一个 HTML 文件并保存，文件名为 dkllq. html。

（2）选取并打开"行为"面板，单击"添加行为"按钮 **+.** ，并从"行为"下拉列表中选择"打开浏览器窗口"命令，打开"打开浏览器窗口"对话框，如图 8-11 所示。

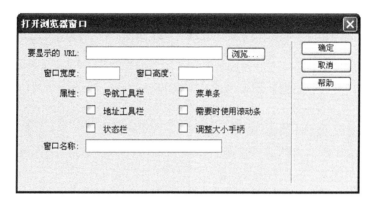

图 8-11 "打开浏览器窗口"对话框

其中：

- 要显示的 URL：单击"浏览"按钮，选择一个新窗口中出现的网页文件，或直接输入一个要在新窗口中打开的网址或网页文件的路径和名称。
- "窗口宽度"和"窗口高度"：指定窗口的宽度和高度（以像素 px 为单位）。
- 导航工具栏：一组浏览器按钮（包括"后退"、"前进"、"主页"和"重新载入"）。
- 地址工具栏：一组包括地址文本框的浏览器选项。
- 状态栏：位于浏览器窗口底部的区域，在该区域中显示消息。
- 菜单条：浏览器窗口上显示菜单的区域。
- 需要时使用滚动条：指定如果内容超出可视区域应该显示滚动条。
- 调整大小手柄：指定用户可以调整窗口的大小，方式是手动窗口的右下角或单击右上角的最大化按钮。
- 窗口名称：指新窗口名称。

（3）设置完成后，单击"确定"按钮。

（4）检查"行为"面板中默认事件是否是所需的事件。若不是，从弹出式菜单中选择适合的事件。

（5）保存并预览。

4. 设置文本

"设置文本"行为可以动态地设置容器文本、框架文本、文本域文本和状态栏文本，使用方法十分相似，这里以"设置状态栏文本"为例进行介绍。

步骤如下：

（1）新建一个 HTML 文件并保存，文件名为 szwb.html。

（2）选取并打开"行为"面板，单击"添加行为"按钮 ＋₊，并从"行为"下拉列表中选择"设置文本"→"设置状态栏文本"命令，打开"设置状态栏文本"对话框，如图 8-12 所示。

图 8-12　"设置状态栏文本"对话框

（3）在"消息"文本框中输入要显示的信息文字，如"欢迎登录数字承德！避暑山庄和合承德"。

（4）设置完成后，单击"确定"按钮。

（5）检查"行为"面板中默认事件是否是所需的事件。若不是，从弹出式菜单中选择适合的事件。

（6）保存并预览，效果如图 8-13 所示。

图 8-13　预览效果

5．转到 URL

使用"转到 URL"行为可以在当前窗口或指定窗口中打开一个新页。此操作适用于通过一次单击更改两个或多个框架的内容。例如，可以为按钮添加链接或当鼠标放到图像上时跳转到新的页面等。

步骤如下：

（1）新建一个 HTML 文件并保存，文件名为 zdurl.html。

（2）选择要添加该行为的对象。

（3）选取并打开"行为"面板，单击"添加行为"按钮 ＋₊，并从"行为"下拉列表中选择"转到 URL"命令，打开"转到 URL"对话框，如图 8-14 所示。

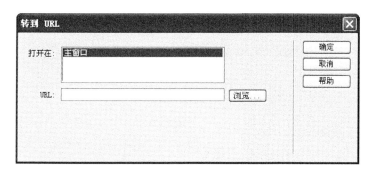

图 8-14 "转到 URL"对话框

其中：

- 打开在：显示新的 URL 的窗口，默认是"主窗口"。
- "浏览"按钮：选择要打开的文档或在 URL 文本框中输入要打开文档的路径和名称。

（4）设置完成后，单击"确定"按钮。

（5）检查"行为"面板中默认事件是否是所需的事件。若不是，从弹出式菜单中选择适合的事件。

（6）保存并预览。

6. 检查表单

利用"检查表单"行为可以为表单中各元素设置有效性规则，并检查指定文本域的内容以确保用户输入正确的数据类型，防止表单提交到服务器后任何指定的文本域中包含无效的数据。常见的用法有两种：第一种是将该动作和 onBlur 事件附加到单个文本域，当用户填写表单时验证该文本域；第二种是将该动作和 onSubmit 事件附加到表单，当用户单击"提交"按钮时，可以验证多个文本域，确保上传到服务器的信息的合法性。

步骤如下：

（1）新建一个 HTML 文件并保存，文件名为 jcbd. html。

（2）在文档中插入表单和文本域。

（3）执行下列操作之一：

① 如果要在用户填写表单时验证单个文本域，选取一个文本域，打开"行为"面板。

② 如果要在用户提交表单时验证单个文本域，单击文档窗口左下角标签选择器中的 ＜form＞标签并打开"行为"面板。

（4）单击"添加行为"按钮 ，并从"行为"下拉列表中选择"检查表单"命令，打开"检查表单"对话框，如图 8-15 所示。

其中：

如果只验证单个域，可从"域"列表框中选取与在文档窗口中所选取的同样的域；如果验证多个域，可从"域"列表框中依次选择文本域分别进行设置。

如果该域中必须包含数据，选择"值"后面的"必需的"复选框。

在"可接受"选项区域中选择下列选项：

图 8-15　"检查表单"对话框

- 任何东西：可接受任何类型的数据。
- 电子邮件地址：检查该域中是否包含@符号。
- 数字：检查该域中是否包含数字字符。
- 数字从××到××：检查该域中是否包含指定范围的数字，在其后的文本框中输入数值范围。

（5）重复以上操作，检查其他的文本域。

（6）设置完成后，单击"确定"按钮。

（7）检查"行为"面板中默认事件是否是所需的事件。

如果在用户提交表单时检查多个域，则 onSubmit 事件自动出现在"事件"菜单中。如果要分别检查每个域，则检查默认事件是否是 onBlur 或 onChange，若不是，则重新选择 onBlur 或 onChange。onBlur 或 onChange 事件都会触发"检查表单"动作，它们之间的区别在于 onBlur 不管用户是否在该域中输入内容都会发生，而 onChange 只有在用户更改了域中内容时才发生。当指定了该域是"必需的"域时，最好使用 onBlur 事件。

（8）保存并预览。

7. 拖动 AP 元素

"拖动 AP 元素"行为允许访问者拖动 AP 元素。使用此行为可以创建拼图游戏、滑块控件和其他可移动的界面元素，可以指定访问者向哪个方向拖动，访问者应将该 AP 元素拖动到哪个目标，如果 AP 元素在目标范围内是否将该 AP 元素靠齐目标，当 AP 元素接触到目标时应该执行什么操作和其他更多选项。

步骤如下：

（1）新建一个 HTML 文件并保存，文件名为 tdap.html。

（2）单击编辑窗口中的空白处，不选择 AP 元素，因为 AP 元素在版本较低的浏览器中都不能接受事件。

（3）选取并打开"行为"面板，单击"添加行为"按钮 ，并从"行为"下拉列表中选择"拖动 AP 元素"命令，打开"拖动 AP 元素"对话框，如图 8-16 所示。

图 8-16 "拖动 AP 元素"对话框中的"基本"选项卡

其中：

- AP 元素：选择要拖动的 AP 元素。
- 移动：包含"限制"和"不限制"两个选项。不限制移动适用于拼图游戏和其他拖放游戏；限制移动适用于滑块控件等。
- 放下目标：在"左"和"上"域中为拖放目标输入以像素为单位的值。取得目前位置：在 AP 元素的当前位置放下目标。
- 靠齐距离：输入一个以像素为单位的值，确定访问者必须放目标有多近时，才能将 AP 元素靠齐到目标。

（4）如果要进一步定义 AP 元素的拖动控制点、在拖动 AP 元素时，跟踪 AP 元素的移动以及当放下 AP 元素时触发一个动作，可选择"高级"选项卡，继续进行"高级"选项卡的各项设置，如图 8-17 所示。

图 8-17 "拖动 AP 元素"对话框中的"高级"选项卡

其中：

- 拖动控制点：在该下拉列表中包括"整个元素"和"元素内的区域"两个选项，默认选项为"整个元素"。如果选择"元素内的区域"，则指定访问者必须单击 AP 元素的特定区域才能拖动 AP 元素，要求输入左坐标和上坐标及拖动控制点的宽度和高度。
- 拖动时：如果 AP 元素在被拖动时应该移动到堆叠顺序的顶部，则选择"将元素置于顶层，然后"复选框。如果选择此选项，则在"然后"后面的下拉列表中选择"留在最上方"或"恢复 z 轴"。在"呼叫 JavaScript"域中输入 JavaScript 代码或函数名称，以在拖动 AP 元素时反复执行该代码或函数。
- 放下时：在第二个"呼叫 JavaScript"文本框中输入 JavaScript 代码或函数名称，以在放下时执行该代码或函数。如果只有在层到达目标时才执行该 JavaScript 代码或函数，则选择"只有在靠齐时"复选框。

（5）设置完成后，单击"确定"按钮。

（6）检查"行为"面板中默认事件是否是所需的事件。若不是，从弹出式菜单中选择适合的事件。

（7）保存并预览。

8. 显示-隐藏元素

"显示-隐藏元素"行为显示、隐藏或恢复一个或多个元素的默认可见性。例如，当用户将光标滑过栏目的文字时，可看到相关的图片等信息。

步骤如下：

（1）新建一个 HTML 文件并保存，文件名为 xsyc. html。

（2）在文档窗口中创建要附加行为的 AP 元素，然后在 AP 元素中放置要隐藏/显示的图像或文字。

（3）选取并打开"行为"面板，单击"添加行为"按钮 **+**，并从"行为"下拉列表中选择"显示-隐藏元素"命令，打开"显示-隐藏元素"对话框，如图 8-18 所示。

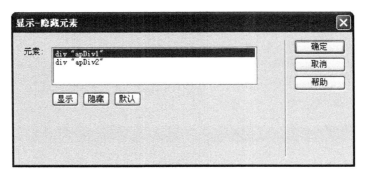

图 8-18　"显示-隐藏元素"对话框

其中：

- 元素：在列表框中选择要更改其可见性的元素。
- 显示：单击"显示"按钮可以显示该元素。
- 隐藏：单击"隐藏"按钮可以隐藏该元素。
- 默认：单击"默认"按钮可以恢复该元素的默认可见性。

（4）设置完成后，单击"确定"按钮。

（5）检查"行为"面板中默认事件是否是所需的事件。若不是，从弹出式菜单中选择适合的事件。

（6）保存并预览。

8.2　表单的应用

表单在网页中主要负责数据采集功能。一个表单由表单标签、表单域和表单按钮三部分组成。

- 表单标签。包含了处理表单数据所用 CGI 程序的 URL 及数据提交到服务器的方法。

- 表单域。包含了文本域、文本区域、按钮、复选框、单选按钮、选择（列表/菜单）、文件域、图像域和隐藏域等。
- 表单按钮。包括提交按钮、复位按钮和一般按钮，用于将数据传送到服务器上的CGI 脚本或者取消输入，还可以用表单按钮来控制其他定义了处理脚本的处理工作。

当访问者在 Web 浏览器中显示的 Web 表单中输入信息，然后单击"提交"按钮时，这些信息将被发送到服务器，服务器中的服务器端脚本或应用程序会对这些信息进行处理。服务器向用户（或客户端）发回所处理的信息或基于该表单内容执行某些其他操作，以此进行响应。

8.2.1　创建表单

在 Dreamweaver CS5 中使用菜单命令和相关面板都可以插入表单及表单对象。

选择"插入"→"表单"命令，可以插入表单及表单对象，如图 8-19(a)所示。

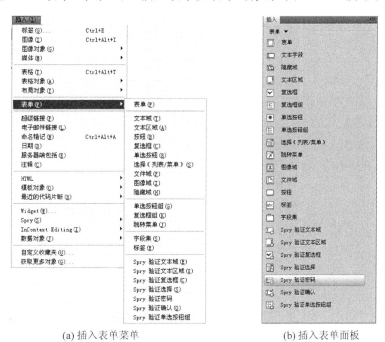

(a) 插入表单菜单　　　　　　　　　(b) 插入表单面板

图 8-19　插入表单及表单对象

选择"插入"面板中的"表单"项，可以插入表单及表单对象，如图 8-19(b)所示。

1. 插入表单

表单是表单对象的容器，将表单对象添加到表单中，便于正确处理数据。

选择"插入"→"表单"→"表单"命令，或选择"插入"面板中"表单"项中的"表单"按钮，即可将"表单"插入文档中。插入表单后，在文档中出现红色虚线框，如图 8-20 所示。

如果看不到红色虚线框，则选择"查看"→"可视化助理"→"不可见元素"命令。

图 8-20   插入一个空白表单

插入表单<form>标签以后,在"代码"视图中可以查看源代码:

```
< form id = "form1" name = "form1" method = "post" action = "">
</form>
```

2. 设置表单属性

在文档中单击表单红色框线选取表单,在编辑窗口的下面出现表单属性面板,如图 8-21 所示。

图 8-21   表单属性面板

其中:

(1) 表单 ID:在该域中输入表单的名称。

(2) 动作:在该域中指定处理表单信息的脚本或应用程序。单击"浏览文件"按钮 🗀,查找并选择脚本或应用程序,或直接输入脚本或应用程序的 URL。

(3) 方法:在该下拉列表中选择处理表单数据的方式。

- 默认:选择浏览器的默认方式,通常是 GET 方式。
- POST:此方式将表单值封装在消息主题中发送。
- GET:此方式将提交的表单值追加在 URL 后面发送给服务器。使用 GET 方式传送数据效率高,但是传送的信息大小限制在 8192 个字符,所以大块数据不宜采用 GET 方式传送。而且此方式传送信息是不安全的,处理一些秘密信息时不能使用 GET 方式。

(4) 目标:选择返回数据的窗口的打开方式。

- _blank:表示始终在不同的新窗口中打开链接文档。
- _new:表示始终在同一个新窗口中打开链接文档。
- _parent:表示在包含这个链接的父框架窗口中打开链接文档。
- _self:表示在包含这个链接的框架窗口中打开链接文档。
- _top:表示在整个浏览器窗口中打开链接文档。

"编码类型":选择表单数据在被发送到服务器之前应该如何加密编码。

8.2.2   添加表单对象

在 Dreamweaver 中,表单输入类型称为表单对象。表单对象是允许用户输入数据的机制。添加表单对象时首先要将光标放置在希望表单对象在表单中出现的位置,在"插入"面板的"表单"类别中选择对象,插入表单对象。

在表单中根据需要将其他表单对象添加到表单中,可以使用换行符、段落标记和表格等设置表单的格式。不能在表单中插入另一个表单,但是一个页面可以包含多个表单。

1. 文本域

文本域接受任何类型的字母、数字和文本等输入内容。文本可以单行或多行显示,也可以以密码域的方式显示。

1)插入"文本域"

(1)将插入点放在表单轮廓内。

(2)选择"插入"→"表单"→"文本域"命令,打开"输入标签辅助功能属性"对话框,如图 8-22 所示。在这里可以输入文本域的 ID 和标签,并可进行样式、位置、访问键和 Tab 键索引等设置。也可以忽略,直接单击"确定"按钮,在光标处插入文本域,如图 8-23 所示。

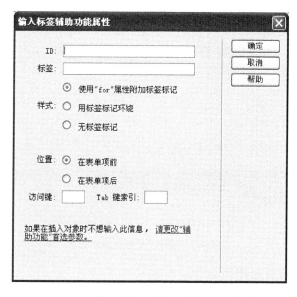

图 8-22　"输入标签辅助功能属性"对话框

图 8-23　文本域

2)设置"文本域"属性

在"属性"面板中,根据需要设置"文本域"的属性,默认类型为"单行"文本域,如图 8-24 所示。

图 8-24　"单行"文本域属性面板

"文本域"的属性设置如下:

(1)"文本域"文本框:为该文本域指定一个名称。每个文本域都必须有一个唯一名称。所选名称必须在该表单内唯一标识该文本域。表单对象名称不能包含空格或特殊字符,可以使用字母、数字、字符和下划线(_)的任意组合。注意,为文本域指定的标签是将存储该域的值(输入的数据)的变量名。这是发送给服务器进行处理的值。

(2) 字符宽度:设置域中最多可显示的字符数。此数字可以小于"最多字符数"。例如,如果"字符宽度"设置为20,而用户输入100个字符,则在该文本域中只能看到其中的20个字符。注意,虽然无法在该域中看到这些字符,但域对象可以识别它们,而且它们会被发送到服务器进行处理。

(3) 最多字符数:设置单行文本域中最多可输入的字符数。例如使用"最多字符数"将邮政编码限制为5位数,将密码限制为10个字符等。如果将"最多字符数"文本框保留为空白,则用户可以输入任意数量的文本。如果文本超过域的字符宽度,文本将滚动显示。如果用户输入超过最大字符数,则表单产生警告声。

(4) 类型:指定义域的类型为单行、多行及密码域。

- 单行:"属性"面板如图 8-24 所示。选择"单行"单选按钮将产生一个 type 属性,设置为 text 的<input>标签。"字符宽度"设置 size 属性,"最多字符数"设置 maxlength 属性。

例如:

< input name = "textfield" type = "text" id = "textfield" size = "8" maxlength = "10" />

- 多行:"属性"面板如图 8-25 所示。

图 8-25　"多行"文本域属性面板

选择"多行"单选按钮将产生一个<textarea>标签。"字符宽度"设置 cols 属性,"行数"设置 rows 属性,设置多行文本域的域高度。

例如:

< textarea name = "textfield" cols = "20" rows = "5" id = "textfield"></textarea>

- 密码:"属性"面板如图 8-26 所示。

图 8-26　"密码"文本域属性面板

选择"密码"单选按钮将产生一个 type 属性,设置为 password 的<input>标签。"字符宽度"和"最多字符数"设置的属性与在单行文本域中的属性相同。当用户在密码文本域中输入时,输入内容显示为圆点或项目符号,以保护它不被其他人看到。

- 初始值:指定在首次载入表单时域中显示的值。例如,通过包含说明或示例值,可以指示用户在域中输入信息。

- 类：可以将 CSS 规则应用于对象。
- 禁用：指该文本域的内容只能看到，不能使用。
- 只读：指该文本域的内容具有只读属性，不能修改。

2．文本区域

"文本区域"表单对象与"文本域"表单对象的"多行文本域"是一致的，其属性设置见"多行文本域"属性设置，这里不再赘述。

3．按钮

"按钮"表单对象在单击时执行相应的操作。可以为按钮添加自定义名称或标签，或者使用预定义的"提交"或"重置"标签。"提交"通知表单将表单数据提交给处理应用程序或脚本，而"重置"则将所有表单域重置为其原始值。还可以指定其他已在脚本中定义的处理任务，例如，使用按钮根据指定的值计算所选商品的总价。

1）插入"按钮"

（1）将插入点放在表单轮廓内。

（2）选择"插入"→"表单"→"按钮"命令，打开"输入标签辅助功能属性"对话框，如图 8-22 所示。单击"确定"按钮，在光标处插入一个"按钮"。同理，再插入一个"按钮"，如图 8-27 所示。

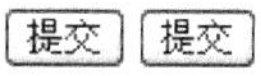

| 提交 | 提交 |

图 8-27 按钮

2）设置"按钮"属性

在"属性"面板中，根据需要设置"按钮"的属性，如图 8-28 所示。

图 8-28 "按钮"的属性面板

"按钮"属性设置如下：

（1）值：确定按钮上显示的文本。

（2）动作：确定单击该按钮时发生的动作。

- 提交表单：在用户单击该按钮时提交表单数据以进行处理。该数据将被提交到在表单的"动作"属性中指定的页面或脚本。插入的按钮，默认动作均为"提交表单"，如图 8-27 所示。

- 重设表单：在单击该按钮时清除表单内容。选中图 8-27 所示的"提交"按钮，选中"重设表单"单选按钮，按钮的值就自动改成了"重置"，如图 8-29 所示。

| 提交 | 重置 |

图 8-29 设置不同动作的按钮

- 无：指定单击该按钮时要执行的动作。例如，可以添加一个 JavaScript 脚本，使得当用户单击该按钮时打开另一个页面。

（3）类：将 CSS 规则应用于对象。

4. 复选框

"复选框"表单对象允许在一组选项中选择多个选项。

1) 插入"复选框"

(1) 将插入点放在表单轮廓内。

(2) 选择"插入"→"表单"→"复选框"命令,打开"输入标签辅助功能属性"对话框,如图 8-22 所示。单击"确定"按钮,在光标处插入一个"复选框",在该复选框的右侧输入相应的文本。同理,再插入两个"复选框"及相应文本,如图 8-30(a)所示。选中前两个复选框,如图 8-30(b)所示。

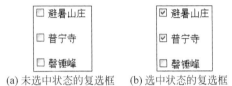

(a) 未选中状态的复选框　　(b) 选中状态的复选框

图 8-30　复选框

2) 设置"复选框"属性

在"属性"面板中,根据需要设置"复选框"的属性,如图 8-31 所示。

图 8-31　"复选框"的属性面板

"复选框"属性设置如下:

(1) 选定值:设置在该复选框被选中时发送给服务器的值。例如,在一项调查中可以将值 4 设置为表示非常同意,将值 1 设置为表示强烈反对。

(2) 初始状态:确定在浏览器中加载表单时,该复选框是否处于选中状态。

(3) 类:将 CSS 规则应用于对象。

5. 单选按钮

"单选按钮"表单单选代表互相排斥的选择。在某单选按钮组(由两个或多个共享同一名称的按钮组成)中选择一个按钮,就会取消选择该组中的所有其他按钮。

1) 插入"单选按钮"

(1) 将插入点放在表单轮廓内。

(2) 选择"插入"→"表单"→"单选按钮"命令,打开"输入标签辅助功能属性"对话框,如图 8-22 所示。单击"确定"按钮,在光标处插入一个单选按钮,在该单选按钮的右侧输入相应的文本。同理,再插入两个"单选按钮"及相应文本,如图 8-32(a)所示。选中另一个单选按钮,如图 8-32(b)所示。

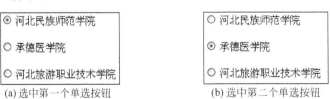

(a) 选中第一个单选按钮　　　　(b) 选中第二个单选按钮

图 8-32　单选按钮

2）设置"单选按钮"属性

在"属性"面板中，根据需要设置"单选按钮"的属性，如图 8-33 所示。

图 8-33 "单选按钮"的属性面板

"单选按钮"属性设置如下：

（1）选定值：设置在该单选按钮被选中时发送给服务器的值。例如，可以在"选定值"文本框中输入"滑雪"，指示用户选择"滑雪"。

（2）初始状态：确定在浏览器中加载表单时，该单选按钮是否处于选中状态。

（3）类：将 CSS 规则应用于对象。

6．选择（列表/菜单）

"选择（列表/菜单）"表单对象是指从列表/菜单中选择某个或某些选项完成一定的功能。

1）插入"选择（列表/菜单）"

（1）将插入点放在表单轮廓内。

（2）选择"插入"→"表单"→"选择（列表/菜单）"命令，打开"输入标签辅助功能属性"对话框，如图 8-22 所示。单击"确定"按钮，在光标处插入一个"列表/菜单"，如图 8-34 所示。

图 8-34 列表/菜单

2）设置"列表/菜单"属性

在"属性"面板中，根据需要设置"列表/菜单"的属性，默认类型为"菜单"，如图 8-35 所示。

图 8-35 "菜单"的属性面板

"列表/菜单"属性设置如下：

（1）类型：有"菜单"和"列表"两种类型。

- 菜单：表单在浏览器中显示时仅有一个选项可见，若要显示其他选项，用户必须单击向下箭头。"高度"和"选定范围"不可用，如图 8-35 所示。要为菜单指定一个名称，该名称必须是唯一的。

- 列表：表单在浏览器中显示一个列有项目的可滚动列表，可以列出一项或多项，以便用户可以选择多个项，如图 8-36 所示。

（2）高度：设置列表中显示的项数。

（3）选定范围：指定用户是否可以从列表中选择多个项。若选中"允许多选"复选框，则在浏览器中按住 Shift 键可以选择多个连续项；按住 Ctrl 键可以选择多个不连续项。

图 8-36 "列表"的属性面板

（4）列表值：单击"列表值"按钮，打开一个"列表值"对话框，如图 8-37 所示。

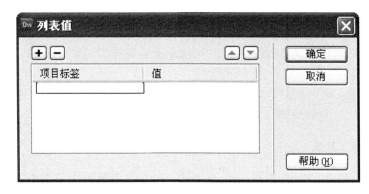

图 8-37 "列表值"对话框

可通过它向"菜单/列表"添加项：

- 使用加号（＋）和减号（－）按钮，添加和删除列表中的项。
- 输入每个菜单项的标签文本和可选值。列表中的每项都有一个标签（在列表中显示的文本）和一个值（选中该项时，发送给处理应用程序的值）。如果没有指定值，则改为将标签文字发送给处理应用程序。
- 使用向上和向下箭头按钮重新排列列表中的项。菜单项在菜单中出现的顺序与在"列表值"对话框中出现的顺序相同。在浏览器中加载页面时，列表中的第一个项是选中的项。

（5）初始化时选定：设置列表中默认选定的菜单项。

（6）类：将 CSS 规则应用于对象。

7．文件域

"文件域"表单对象使用户可以浏览到其计算机上的某个文件并将该文件作为表单数据上传。文件域的外观与其他文本域类似，只不过文件域还包含一个"浏览"按钮。用户可以手动输入要上传文件的路径，也可以使用"浏览"按钮定位并选择该文件。

必须要有服务器端脚本或能够处理文件提交操作的页面才可以使用"文件域"。文件域要求使用 POST 方法将文件从浏览器传输到服务器。

1）插入"文件域"

（1）将插入点放在表单轮廓内。

（2）选择"插入"→"表单"→"文件域"命令，打开"输入标签辅助功能属性"对话框，如图 8-22 所示。单击"确定"按钮，在光标处插入一个"文件域"，如图 8-38 所示。

图 8-38 文件域

2）设置"文件域"属性

在"属性"面板中，根据需要设置"文件域"的属性，如图 8-39 所示。

图 8-39　"文件域"的属性面板

"文件域"属性设置如下：

（1）文件域名称：指定该文件域对象的名称。

（2）字符宽度：指定域中最多可显示的字符数。

（3）最多字符数：指定域中最多可容纳的字符数。如果用户通过浏览来定位文件，则文件名和路径可超过指定的"最多字符数"的值。但是，如果用户尝试输入文件名和路径，则文件域最多仅允许输入"最多字符数"值所指定的字符数。

（4）类：将 CSS 规则应用于对象。

8．图像域

"图像域"表单对象可以在表单中插入一个图像。使用"图像域"可生成图形化按钮，例如"提交"或"重置"按钮。如果使用图像来执行任务而不是提交数据，则需要将某种行为附加到表单对象。

1）插入"图像域"

（1）将插入点放在表单轮廓内。

（2）选择"插入"→"表单"→"图像域"命令，打开"选择图像源文件"对话框，如图 8-40 所示。

图 8-40　"选择图像源文件"对话框

（3）单击"确定"按钮，打开"输入标签辅助功能属性"对话框，如图 8-22 所示。再次单击"确定"按钮，在光标处插入一个"图像域"，如图 8-41 所示。

图 8-41   图像域

2）设置"图像域"属性

在"属性"面板中，根据需要设置"图像域"的属性，如图 8-42 所示。

图 8-42   "图像域"的属性面板

"图像域"属性设置如下：

（1）图像区域：为该按钮指定一个名称。

（2）源文件：指定要为该按钮使用的图像。

（3）替换：用于输入描述性文本，一旦图像在浏览器中加载失败，将显示这些文本。

（4）对齐：设置对象的对齐属性。

（5）编辑图像：启动默认的图像编辑器，并打开该图像文件以进行编辑。

（6）类：将 CSS 规则应用于对象。

9．隐藏域

隐藏域对于访问者来说是不可见的，用于存储用户输入的信息，如姓名、电子邮件地址或偏爱的查看方式，并在该用户下次访问此站点时使用这些数据。

1）插入"隐藏域"

（1）将插入点放在表单轮廓内。

（2）选择"插入"→"表单"→"隐藏域"命令，在光标处插入一个"隐藏

域"，如图 8-43 所示。

图 8-43   隐藏域

2）设置"隐藏域"属性

在"属性"面板中，根据需要设置"隐藏域"的属性，如图 8-44 所示。

图 8-44 "隐藏域"的属性面板

"隐藏域"属性设置如下：

（1）隐藏区域：指定该域的名称。

（2）值：为域指定一个值。该值将在提交表单时传递给服务器。

10. 单选按钮组

"单选按钮组"表单对象用于创建一组单选按钮。

1）插入"单选按钮组"

（1）将插入点放在表单轮廓内。

（2）选择"插入"→"表单"→"单选按钮组"命令，打开"单选按钮组"对话框，如图 8-45 所示。

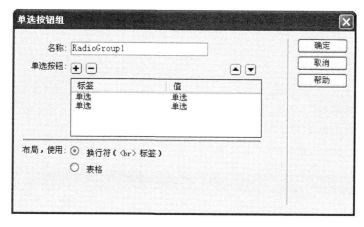

图 8-45 "单选按钮组"对话框

其中：

- 名称：在"名称"文本框中输入该单选按钮组的名称。

如果希望这些单选按钮将参数传递回服务器，则这些参数将与该名称相关联。例如，如果将组命名为 myGroup，并将表单方法设置为 GET（即希望当用户单击"提交"按钮时，表单传递 URL 参数而不是表单参数），则会在 URL 中将表达式 myGroup= "选中的值"传递给服务器。

- 单击加号（＋）按钮，向该组中添加一个单选按钮。如果需要，可以为新按钮输入标签和选定值。
- 单击减号（－）按钮，从该组中删除一个选中的单选按钮。
- 单击向上或向下箭头重新排序这些按钮。
- 布局，使用：选择一个希望 Dreamweaver 对这些按钮进行布局时使用的格式。

（3）单击"确定"按钮。

选择"换行符(
标签)"布局单选按钮组的效果如图 8-46 所示,选择"表格"布局单选按钮组的效果如图 8-47 所示。

○ 数计系
○ 中文系
○ 外语系

○ 数计系
○ 中文系
○ 外语系

图 8-46　"换行符(
标签)"　　　　图 8-47　"表格"布局效果
　　　　布局效果

2) 设置"单选按钮组"属性

在"属性"面板中,根据需要设置"单选按钮组"的属性,如图 8-48 所示。

图 8-48　"单选按钮组"的属性面板

"单选按钮组"属性设置同"单选按钮"属性设置方法,这里不再赘述。

11. 复选框组

"复选框组"表单对象创建一组复选框。

1) 插入"复选框组"

（1）将插入点放在表单轮廓内。

（2）选择"插入"→"表单"→"复选框组"命令,打开"复选框组"对话框,如图 8-49 所示。

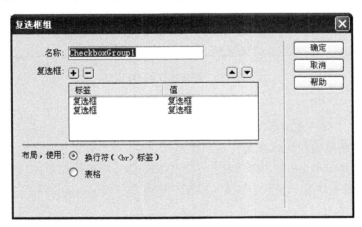

图 8-49　"复选框组"对话框

其中:

• 名称:在"名称"文本框中输入该复选框组的名称。

如果设置这些复选框以将参数传递回服务器,这些参数将与该名称相关联。例如,如果将组命名为 myGroup,将表单方法设置为 GET(即希望当用户单击"提交"按钮时,表单传递

URL 参数而不是表单参数),则会在 URL 中将表达式 myGroup＝"CheckedValue"传递给服务器。

- 单击加号(＋)按钮,向该组中添加一个复选框。如果需要,可以为新复选框输入标签和选定值。
- 单击减号(－)按钮,从该组中删除一个选中的复选框。
- 单击向上或向下箭头重新排序这些复选框。
- 布局,使用:选择一个希望 Dreamweaver 对这些复选框进行布局时使用的格式。

(3) 单击"确定"按钮。

选择"换行符(＜br＞标签)"布局复选框组的效果如图 8-50 所示,选择"表格"布局复选框组的效果如图 8-51 所示。

图 8-50　"换行符(＜br＞标签)"　　　图 8-51　"表格"布局效果
布局效果

2) 设置"复选框组"属性

在"属性"面板中,根据需要设置"复选框组"的属性,如图 8-52 所示。

图 8-52　"复选框组"的属性面板

"复选框组"属性设置同"复选框"属性设置方法,这里不再赘述。

12. 跳转菜单

跳转菜单可建立 URL 与弹出式菜单列表中的选项之间的关联。通过从列表中选择一项,可以链接到任何指定的 URL。

1) 插入"跳转菜单"

(1) 将插入点放在表单轮廓内。

(2) 选择"插入"→"表单"→"跳转菜单"命令,打开"插入跳转菜单"对话框,如图 8-53 所示。

其中:

- 菜单项:单击加号(＋)按钮,向该菜单中添加一个菜单项;单击减号(－)按钮,从该菜单中删除一个选中的菜单项。单击向上或向下箭头重新排序这些菜单项。
- 文本:创建菜单提示的文本。
- 选择时,转到 URL:选取要打开的文件。单击"浏览"按钮,然后选取要打开的文件,或直接输入要打开的文件路径和文件名称。
- 打开 URL 于:给出弹出式菜单中选取文件要打开位置。选取"主窗口",将在同一

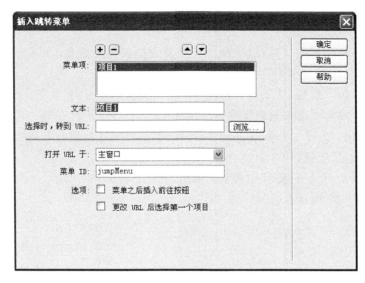

图 8-53　"插入跳转菜单"对话框

窗口中打开文件或选取要打开文件的框架。若作为目标框架的框架名称没有在"打开 URL 于"弹出式菜单中出现,应先关闭该"插入跳转菜单"对话框,将框架命名后,再打开"插入跳转菜单"对话框即可。

- 菜单 ID:输入菜单项的 ID 名称,用于程序代码中。
- 选项:选中"菜单之后插入前往按钮"复选框,在菜单后面插入"前往"按钮。在浏览器中单击该按钮,可以跳转到相应的页面;选中"更改 URL 后选择第一个项目"复选框,当跳转到指定的 URL 以后,仍然默认选择第一项。

(3)单击"确定"按钮。

在光标处插入一个"跳转菜单",如图 8-54 所示。

图 8-54　跳转菜单

2)设置"跳转菜单"属性

在"属性"面板中,根据需要设置"跳转菜单"的属性,如图 8-55 所示。

图 8-55　"跳转菜单"的属性面板

"跳转菜单"属性设置同"选择菜单"属性设置方法,这里不再赘述。

8.2.3　表单设计实例

实例:注册页面的制作。

要求:综合运用表单,通过客户端的信息输入,单击"注册"按钮,把用户的信息发送至服务器或指定邮箱中;单击"重置"按钮,清空所有输入的信息。这个实例只进行注册页面的制作,不涉及提交信息的制作。

制作完成的注册页面如图 8-56 所示。

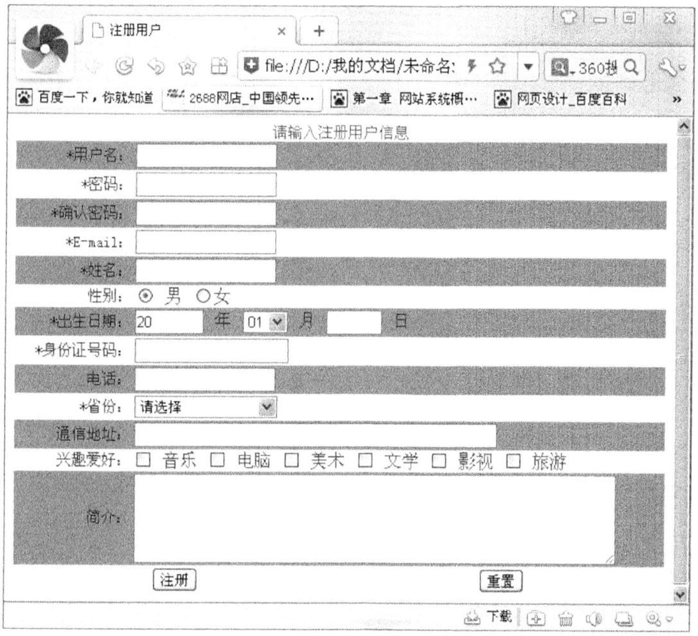

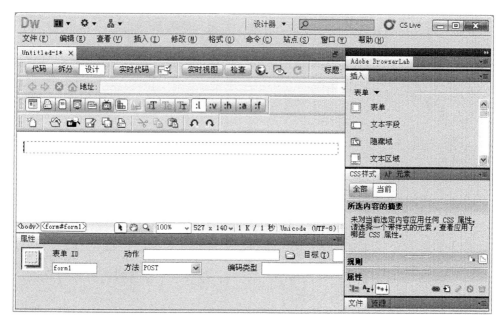

图 8-56 制作完成的注册页面

制作步骤如下。

1. 创建表单

新建 HTML 页面,选择"插入"→"表单"→"表单"命令,或单击"插入"面板中的"表单"按钮□,在页面中插入表单,如图 8-57 所示。

图 8-57 插入表单

2. 利用表格进行布局

（1）根据页面布局的需要，在表单中插入一个 14 行 2 列，宽度为 600px，边框粗细、单元格边距和单元格间距均为 0 的表格。将插入的表格居中对齐。

（2）选中表格第一行，并设置单元格高度为 30，输入"请输入注册用户信息"，文字大小为 14，红色，并水平居中。

（3）第一行以下各行高度设置为 20，第一列宽度设置为 110，如图 8-58 所示分别在表格中输入相应的提示文字，并且设置文字的字体、颜色及单元格的背景色，第一列水平右对齐，所有单元格垂直居中等属性。

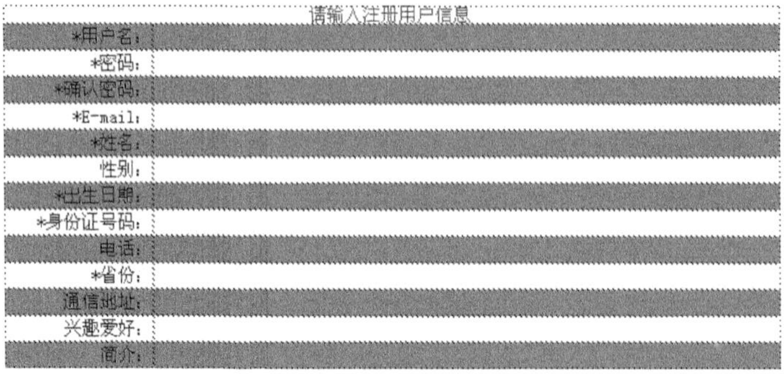

图 8-58　在表单中用表格进行布局

3. 插入表单对象

（1）选择"插入"→"表单"→"文本域"命令，分别在表格的第一列"＊用户名"、"＊密码"、"＊确认密码"、"＊E-mail"、"＊姓名"、"＊身份证号码"、"电话"、"通信地址"对应的第二列单元格内插入单行文本域，设置"字符宽度"和"最大字符数"如表 8-1 所示。

表 8-1　各文本域的属性设置

文 本 域	字 符 宽 度	最大字符数
＊用户名	16	16
＊密码	16	8
＊确认密码	16	
＊E-mail	16	
＊姓名	16	
＊身份证号码	18	18
电话	16	
通信地址	50	

（2）在"性别"的右侧单元格插入两个单选按钮，设置两个单选按钮名称均为 sex，分别设置两个单选按钮的"选定值"为 0 和 1。

（3）在"出生日期"右侧的单元格中插入单行文本域和下拉菜单组成的域。其中"年"是单行文本域，设置其"字符宽度"为 5，"最大字符数"为 4，初始值为 20；"日"也为单行文本域,设置其"字符宽度"为3,"最大字符数"为2;"月"采用下拉菜单,插入"列表/菜单"后,在其"属性"面板中设置列表值,01~12月份,在"值"中输入相应的值,如图8-59所示。

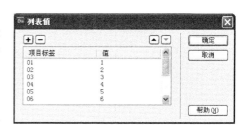

图8-59　"月"下拉菜单列表值

(4) 在"省份"右侧单元格中插入"列表/菜单",在其"属性"面板设置"菜单"的"列表值",具体设置如表8-2所示。在"初始化时选定"列表中选择"请选择"作为表单下载时的初始选项,以起到提示的作用。

表8-2　"省份"下拉菜单的"列表值"

省　　份	值	省　　份	值
请选择	0	湖南省	18
北京市	1	广东省	19
天津市	2	广西壮族自治区	20
上海市	3	海南省	21
重庆市	4	四川省	22
河北省	5	贵州省	23
陕西省	6	陕西省	24
辽宁省	7	甘肃省	25
吉林省	8	青海省	26
江苏省	9	西藏自治区	27
浙江省	10	内蒙古自治区	28
安徽省	11	宁夏回族自治区	29
福建省	12	新疆维吾尔自治区	30
江西省	13	香港特别行政区	31
山东省	14	澳门特别行政区	32
河南省	15	台湾地区	33
黑龙江省	16	其他	34
湖北省	17		

(5) 在"兴趣爱好"右侧单元格设置6个复选框,并且在每个复选框后面输入其标签文字。插入"复选框"后,设置"音乐"、"电脑"、"美术"、"文学"、"影视"和"旅游"复选框的选定值分别为yinyue、diannao、meishu、wenxue、yingshi和lvyou,不同的复选框要设置不同的名称和选定值。

(6) 在"简介"右侧单元格插入一个"文本区域",设置"字符宽度"为60,行数为5。

(7) 创建"注册"和"重置"两个按钮。在上述表单对象所在表格的下方换行,插入一个1行2列的表格,居中对齐,在两个单元格中分别插入按钮,分别为"注册"和"重置"。

(8) 单击表单边线,选中表单,在"行为"面板为表单添加"检查表单"行为,在打开的"检查表单"对话框中设置页面中所有带"＊"的表单对象的值为"必需的";设置E-mail可接受"电子邮件地址";设置"身份证号码"、"年"和"日"可接受"数值";设置"通信地址"和"简介"为默认,如图8-60所示。

图 8-60 添加"检查表单"行为

(9) 进行表单属性设置。选中表单,在其"属性"面板中指定后台处理程序,如 form. asp (假设该文件已创建),在"方法"中选择 POST 方式。

(10) 保存并预览,如图 8-56 所示。

8.3 CSS 的应用

CSS(层叠样式表)是一种用来表现 HTML 或 XML 等文件样式的计算机语言。

CSS 目前的最新版本为 CSS3,是能够真正做到网页表现与内容分离的一种样式设计语言。相对于传统 HTML 的表现而言,CSS 能够对网页中对象的位置排版进行像素级的精确控制,支持几乎所有的字体、字号样式,拥有对网页对象和模型样式编辑的能力,并能够进行初步交互设计,是目前基于文本展示最优秀的表现设计语言。CSS 能够根据不同使用者的理解能力,简化或者优化写法,针对各类人群,有较强的易读性。

页面内容(HTML 代码)位于自身的 HTML 文件中,而定义代码表现形式的 CSS 规则位于另一个文件(外部样式表)或 HTML 文档的另一部分(通常是<head>部分)中。

Dreamweaver CS5 提供了强大的 CSS 编辑和管理功能,可以使用"CSS 样式"面板创建和编辑 CSS 规则和属性。

8.3.1 CSS 的特点

CSS 的主要特点是提供便利的更新功能。更新 CSS 时,使用该样式的所有文档的格式都自动更新为新样式。其特点可以归结为以下几点:

(1) 控制页面中的每一个元素(精确定位)。

(2) 是对 HTML 语言处理样式的最好补充。

(3) 把内容和格式处理相分离,减少了工作量。

8.3.2 CSS 的存在方式

CSS 在网页文档中有三种存在方式。

1．外部文件方式

外部 CSS 样式文件是一系列的 CSS 样式存储在一个单独的外部 .css 文件中（并非 HTML 文件）。利用文档 head 部分中的链接，该文件被链接到 Web 站点中的一个或多个网页上。CSS 文件可在"CSS 样式"面板中，通过单击"新建 CSS 规则"来创建，也可以直接在记事本中编写，最后保存文件的扩展名为 css。在 Dreamweaver 中的 CSS 样式面板中，单击"附加样式表"按钮可链接一个 CSS 文件。

这种方法最适合大型网站的 CSS 样式定义。应用 CSS 文件的最大优点就是可以在每个 HTML 文件中引用这个文件，从而可使整个站点的 HTML 文件在风格上保持一致，避免重复的 CSS 属性设置。另外，当遇上改版或某些重大调整要对风格进行修改时，可直接修改这个 CSS 文件，所有 HTML 文件一直引用更新的样式表，不必对每个 HTML 文件都进行修改。

2．内部文档头方式

内部（或嵌入式）CSS 样式是一系列包含在 HTML 文档 head 部分的<style>标签内的 CSS 样式。这种方式与外部文件方式的区别在于，这种方式是将风格直接定义在文档头<head>与</head>之间，而不是形成文件，这种风格定义产生作用也只局限于本文件。例如：

```
< head >
< style type = "text/css">
<! ─
样式表的具体内容
 ─ ─ >
</style>
</head >
```

这种方式的主要作用是：在一些方面统一风格的前提下，可针对具体页面进行具体调整。这两种方式并不相互排斥，而是相互结合。例如，在 CSS 文件中定义了<p>标签的字体大小 font-size 为 10px，在内部文档中可定义<p>标签字体颜色 font-color 为红色，而在另一个 HTML 文件中定义颜色为绿色。

3．直接插入式

直接插入式很简单，只需在每个 HTML 标签后书写 CSS 属性即可。这种方式很直接，例如规定一个 Table 标签中的字颜色为红色，字体大小为 10px，则可书写如下代码：

```
< Table style = "color:red;font ─ size:10px">
```

8.3.3　CSS 在 Dreamweaver 中的创建方法

在 Dreamweaver CS5 中，创建 CSS 样式的方法主要有以下几种。

1．在"页面属性"中设置

前面章节已经介绍过"页面属性"的设置方法，实际上利用"页面属性"设置的网页属性是一种 CSS 内部文档头方式的应用。Dreamweaver CS5 自动将"页面属性"设置生成的一段 CSS 样式代码置于<head>与</head>之间。对一新建文档的"页面属性"进行设置，如图 8-61 所示。

图 8-61　设置的"页面属性"

切换到"代码"视图，可以看到由图 8-61 所设置的"页面属性"，以一段 CSS 样式代码的形式嵌入到文档头<head>与</head>之间。该段 CSS 样式代码如下：

```
<style type = "text/css">
    body, td, th {
        font - family: "宋体";
        font - size: 12px;
        color: #00F;
    }
    a:link {
        color: #09F;
    }
    a:visited {
        color: #933;
    }
    a:active {
        color: #F39;
    }
</style>
```

2. "目标规则"编辑

在 Dreamweaver CS5 的属性面板的 CSS 标签中增加了"目标规则"，在"目标规则"中可以新建 CSS 规则，如设置字体、颜色和大小等样式。属性面板的 CSS 标签如图 8-62 所示。

图 8-62　属性面板的 CSS 标签

在属性面板的 CSS 标签中进行"字体"、"大小"、"颜色"、"加粗"、"倾斜"或"对齐方式"中任何一种操作,都会打开"新建 CSS 规则"对话框,如图 8-63 所示。

图 8-63 "新建 CSS 规则"对话框

(1) 在"选择器类型"下拉列表中选择"类(可应用于任何 HTML 元素)"项,可以创建一个用 class 属性声明的应用于任何 HTML 元素的类选择器。然后在"选择器名称"下拉列表框中输入类名称。类名称必须以句点(.)开头,能够包含任何字母和数字(如.blue)。

(2) 在"选择器类型"下拉列表中选择 ID(仅应用于一个 HTML 元素)项,可以创建一个用 id 属性声明的仅应用于一个 HTML 元素的 id 选择器。然后在"选择器名称"下拉列表框中输入 ID 号。ID 必须以井号(♯)开头,能够包含任何字母和数字(如♯one)。

(3) 在"选择器类型"下拉列表中选择"标签(重新定义 HTML 元素)"项,可以重新定义特定 HTML 标签的默认格式。然后在"选择器名称"下拉列表框中输入 HTML 标签或从弹出菜单中选择一个标签。

(4) 在"选择器类型"下拉列表中选择"复合内容(基于选择的内容)"项,可以定义同时影响两个或多个标签、类或 ID 的复合规则。例如,如果输入 div p,则<div>标签内的所有<p>元素都将受此规则影响。

在"规则定义"下拉列表中选择"(仅限该文档)"项,可以在当前文档中嵌入样式。

在"规则定义"下拉列表中选择"新建样式表文件"项,可以创建外部样式表。

单击"确定"按钮,即可创建一个新的 CSS 规则。

例如,设置属性面板的 CSS 标签中"字体"为"宋体",打开"新建 CSS 规则"对话框,在"选择器类型"下拉列表中选择"类(可用于任何 HTML 元素)"项,在"选择器名称"下拉列表框中输入.blue,在"规则定义"下拉列表中选择"(仅限该文档)"项,如图 8-64 所示。

单击"确定"按钮,可以继续设置字体的大小、颜色、加粗、倾斜及对齐方式等。设置完毕,所对应的代码为:

```
< style type = "text/css">
.blue {
```

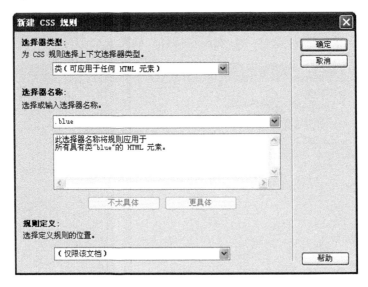

图 8-64   设置"新建 CSS 规则"对话框

```
font-family: "宋体";
font-size: 14px;
color: #00F;
font-weight: bold;
}
</style>
```

若选择"格式"→"CSS 样式"→"新建"命令,以及在"CSS 样式"面板中单击"新建 CSS 规则"按钮,同样打开"新建 CSS 规则"对话框。这两种方法与在属性面板的 CSS 标签中设置不同的是,单击"新建 CSS 规则"对话框中的"确定"按钮后,需要在"CSS 规则定义"对话框中进行设置,如图 8-65 所示。

3. "CSS 样式"面板

在"CSS 样式"面板中可以很方便地进行 CSS 样式的新建、编辑、查看和删除等管理,也可以将外部样式表附加到文档。"CSS 样式"面板如图 8-66 所示。

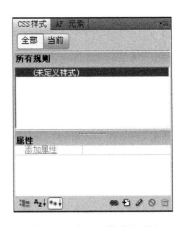

图 8-65   "CSS 规则定义"对话框   图 8-66   "CSS 样式"面板

8.3.4　CSS 样式面板

1. "CSS 样式"面板的打开

选择"窗口"→"CSS 样式"命令,或按 Shift＋F11 组合键,均可打开"CSS 样式"面板。

2. "CSS 样式"面板的结构

"CSS 样式"面板有两种查看方式,即"当前"模式和"全部"模式。

1)"当前"模式

单击"CSS 样式"面板中的"当前"按钮,使"CSS 样式"面板处于"当前"模式下,在此模式下,"CSS 样式"面板将显示三个窗格面板,如图 8-67 所示。

图 8-67　"CSS 样式"面板的"当前"模式

(1)"所选内容的摘要"窗格。

"所选内容的摘要"窗格显示当前正在编辑的文档中所选 HTML 元素的 CSS 属性的摘要及它们的值。该摘要显示直接应用于所选 HTML 元素的所有规则的属性,并且只显示已设置的属性。

提示:在"所选内容的摘要"窗格中如果双击某一个属性,则会打开"CSS 规则定义"对话框,可以修改该属性。

(2)"规则"窗格。

"规则"窗格显示在"所选内容的摘要"窗格中选择的 CSS 属性所在规则的规则名称,以及包含该规则的文件的名称。

① 单击右上角的"显示所选属性的相关信息"按钮,可以查看所选属性的相关信息。

② 单击右上角的"显示所选标签的规则层叠"按钮,可以查看规则的层次结构,直接应用规则的标签显示在右列。

（3）"属性"窗格。

在"所选内容的摘要"窗格中选择某个属性时,这个属性所在规则中的所有属性都会出现在"属性"窗格中。如果在"规则"窗格的"显示所选标签的规则层叠"视图中选择了某一个规则,这个规则的所有属性也会出现在"属性"窗格中。

在"属性"窗格中单击任意一个属性的属性值,都可以快速修改该属性。

2）"全部"模式

单击"CSS 样式"面板中的"全部"按钮,使"CSS 样式"面板处于"全部"模式下,在此模式下,"CSS 样式"面板将显示两个窗格面板,如图 8-68 所示。

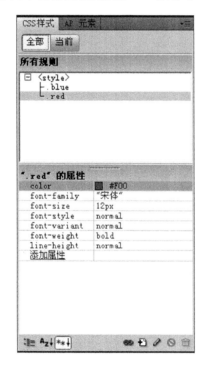

图 8-68　"CSS 样式"面板的"全部"模式

"所有规则"窗格显示当前文档中定义的 CSS 规则及附加到当前文档的样式表中定义的所有 CSS 规则的列表。使用"属性"窗格可以编辑"所有规则"窗格中选择的任一规则的所有 CSS 属性。

当在"所有规则"窗格中选择一个 CSS 规则时,在"属性"窗格中会显示该规则中定义的所有属性,此时可以快速修改该规则的属性,不管它是嵌入到当前文档中还是链接到附加的样式表中,同样都可以修改。

在"全部"模式下,在"属性"窗格中同样可以单击左下角的"显示类别视图"、"显示列表视图"或"只显示设置属性"按钮进行视图切换。

3."CSS 样式"面板的按钮

在"CSS 样式"面板中有 8 个按钮,当鼠标停留在每一个按钮上面时会显示该按钮的名称,如图 8-69 所示。

图 8-69　"CSS 样式"面板按钮

无论在"当前"模式,还是在"全部"模式下,都可以使用"CSS 样式"面板中的 8 个按钮。

- "显示类别视图"按钮⊞：以类别进行显示,如图 8-70 所示。
- "显示列表视图"按钮⊞：以列表进行显示,如图 8-71 所示。
- "只显示设置属性"按钮⊞：只显示已设置的属性,如图 8-72 所示。

图 8-70　显示类别视图

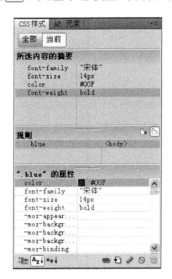

图 8-71　显示列表视图

图 8-72　只显示设置属性

- "附加样式表"按钮：打开"链接外部样式表"对话框,选择要链接到或导入到当前文档中的外部样式表,如图 8-73 所示。

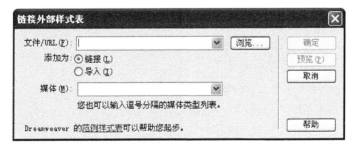

图 8-73　"链接外部样式表"对话框

- "新建 CSS 规则"按钮：打开"新建 CSS 规则"对话框,在其中选择要创建的样式类型,如图 8-65 所示。
- "编辑样式"按钮：打开"CSS 规则定义"对话框,在其中编辑当前文档或外部样式表中的样式,如图 8-66 所示。

- "禁用/启用 CSS 属性"按钮：当在"所选内容的摘要"窗格或"属性"窗格选择一个属性时，单击此按钮可以给这个属性加上注释标记(/ * 和 * /)，表示暂时不起作用。如果想让该属性重新起作用，再次选择该属性，并单击该按钮即可。
- "删除 CSS 属性"按钮：当在"属性"窗格中选择一个已经设置属性值的属性时，单击此按钮可以删除这个属性。

4. "CSS 样式"的编辑

编辑 CSS 样式是对创建的 CSS 样式进行再次加工，不管是初次创建 CSS 样式，还是对其再次进行编辑，都离不开"CSS 规则定义"对话框，掌握该对话框的操作是创建和编辑 CSS 样式的关键。

1) 定义 CSS"类型"属性

选择"CSS 规则定义"对话框中的"类型"类别，可以定义 CSS 样式的基本字体并进行类型设置，如图 8-74 所示。

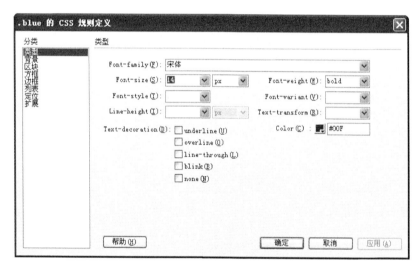

图 8-74　"类型"属性定义

其中：

(1) Font-family：字体，按优先顺序排列。以逗号隔开。

(2) Font-size：大小，设置字号。

- xx-small：绝对字体尺寸，最小。根据对象字体进行调整。
- x-small：绝对字体尺寸，较小。根据对象字体进行调整。
- Small：绝对字体尺寸，小。根据对象字体进行调整。
- Medium：默认值。绝对字体尺寸，正常。根据对象字体进行调整。
- Large：绝对字体尺寸，大。根据对象字体进行调整。
- x-large：绝对字体尺寸，较大。根据对象字体进行调整。
- xx-large：绝对字体尺寸，最大。根据对象字体进行调整。
- Larger：相对字体尺寸。相对于父对象中字体尺寸进行相对增大。使用成比例的 em 单位计算。

- Smaller：相对字体尺寸。相对于父对象中字体尺寸进行相对减小。使用成比例的 em 单位计算。
- Length：百分数，由浮点数字和单位标识符组成的长度值，不可为负值。其百分比取值是基于父对象中字体的尺寸。

对应的脚本特性为 fontFamily。

（3）Font-weight：字体粗细。

- Normal：默认值。正常的字体，相当于 400。声明此值将取消之前任何设置。
- Bold：粗体，相当于 700。
- Bolder：比 normal 粗。
- Lighter：比 normal 细。
- 100：字体至少像 200 一样细。
- 200：字体至少像 100 一样粗，像 300 一样细。
- 300：字体至少像 200 一样粗，像 400 一样细。
- 400：相当于 normal。
- 500：字体至少像 400 一样粗，像 600 一样细。
- 600：字体至少像 500 一样粗，像 700 一样细。
- 700：相当于 bold。
- 800：字体至少像 700 一样粗，像 900 一样细。
- 900：字体至少像 800 一样粗。

对应的脚本特性为 fontWeight。

（4）Font-style：字体样式风格。

- Normal：默认值。正常的字体。
- Italic：斜体。
- Oblique：应用于没有斜体变量的特殊字体。

对应的脚本特性为 fontstyle。

（5）Font-variant：变体。

- Normal：默认值。正常的字体。
- small-caps：小型的大写字母字体。

对应的脚本特性为 fontVariant。

（6）Line-height：行高。

- Normal：默认值。默认行高。
- Length：百分比数字，由浮点数字和单位标识符组成的长度值，允许为负值。其百分比取值是基于字体的高度尺寸。

对应的脚本特性为 lineHeight。

（7）Text-transform：大小写。

- None：默认值。无转换发生。
- Capitalize：将每个单词的第一个字母转换成大写，其余无转换发生。
- Uppercase：转换成大写。
- Lowercase：转换成小写。

对应的脚本特性为 textTransform。

(8) Text-decoration：文字修饰。

- none：默认值。无装饰。
- blink：闪烁。
- underline：下划线
- line-through：贯穿。
- overline：上划线。

默认值为 underline,del 默认值为 line-through。

对应的脚本特性为 textDecoration。

(9) Color：字体颜色。

color：指定颜色。

对应的脚本特性为 color。

2) 定义 CSS"背景"属性

选择"CSS 规则定义"对话框中的"背景"类别，可以定义 CSS 样式的背景属性。网页中的任何元素都可以应用背景属性，如图 8-75 所示。

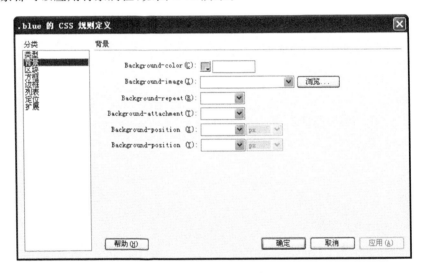

图 8-75　"背景"属性定义

其中：

(1) Background-color：背景颜色。

- transparent：默认值。背景色透明。
- color：指定颜色。

当背景颜色与背景图像（background-image）都被设定了时，背景图片将覆盖于背景颜色之上。

对应的脚本特性为 backgroundColor。

(2) Background-image：背景图像。

- none：默认值。无背景图。
- url(url)：使用绝对或相对 url 地址指定背景图像。

对应的脚本特性为 backgroundImage。

（3）Background-repeat：重复。

- repeat：默认值。背景图像在纵向和横向上平铺。
- no-repeat：背景图像不平铺。
- repeat-x：背景图像仅在横向上平铺。
- repeat-y：背景图像仅在纵向上平铺。

对应的脚本特性为 backgroundRepeat。

（4）Background-attachment：附件。

- scroll：默认值。背景图像随对象内容滚动。
- fixed：背景图像固定。

对应的脚本特性为 backgroundAttachment。

（5）Background-position(x)：水平位置。

- length：百分数，由浮点数字和单位标识符组成的长度值。
- left：居左。
- center：居中。
- right：居右。

默认值为 0%。

对应的脚本特性为 backgroundPositionX。

（6）Background-position(y)：垂直位置。

- length：百分数，由浮点数字和单位标识符组成的长度值。请参阅长度单位。
- top：居顶。
- center：居中。
- bottom：居底。

默认值为 0%。

对应的脚本特性为 backgroundPositionY。

3）定义 CSS"区块"属性

选择"CSS 规则定义"对话框中的"区块"类别，可以定义标签和属性的间距及对齐方式等，如图 8-76 所示。

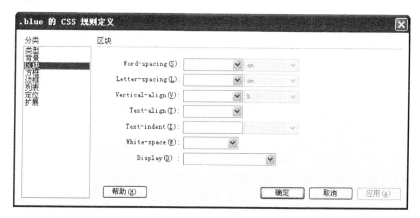

图 8-76 "区块"属性定义

其中：

（1）Word-spacing：单词间距。

- normal：默认值。默认间隔。
- length：由浮点数字和单位标识符组成的长度值，允许为负值。

对应的脚本特性为 wordSpacing。

（2）Letter-spacing：字母间距。

- normal：默认值。默认间隔。
- length：由浮点数字和单位标识符组成的长度值，允许为负值。

对应的脚本特性为 letterSpacing。

（3）Vertical-align：垂直对齐。

- auto：根据 layout-flow 属性的值对齐对象内容。
- baseline：默认值。将支持 valign 特性的对象的内容与基线对齐。
- sub：垂直对齐文本的下标。
- super：垂直对齐文本的上标。
- top：将支持 valign 特性的对象的内容与对象顶端对齐。
- text-top：将支持 valign 特性的对象的文本与对象顶端对齐。
- middle：将支持 valign 特性的对象的内容与对象中部对齐。
- bottom：将支持 valign 特性的对象的内容与对象底端对齐。
- text-bottom：将支持 valign 特性的对象的文本与对象顶端对齐。
- length：由浮点数字和单位标识符组成的长度值（百分数），可为负数。定义由基线算起的偏移量。基线对于数值来说为 0，对于百分数来说就是 0%。

对应的脚本特性为 verticalAlign。

（4）Text-align：文本对齐。

- left：默认值。左对齐。
- right：右对齐。
- center：居中对齐。
- justify：两端对齐。

对应的脚本特性为 textAlign。

（5）Text-indent：文字缩进。

- length：百分比、数字，由浮点数字和单位标识符组成的长度值，允许为负值。

对应的脚本特性为 textIndent。

（6）White-space：空格。

- normal：默认处理方式。文本自动处理换行，假如抵达容器边界内容会转到下一行。
- pre：换行和其他空白字符都将受到保护。
- nowrap：强制在同一行内显示所有文本，直到文本结束或遇到 br 对象。

对应的脚本特性为 whiteSpace。

（7）Display：显示。

- block：块对象的默认值。将对象强制作为块对象呈递，为对象之后添加新行。

- none：隐藏对象。与 visibility 属性的 hidden 值不同,不为被隐藏的对象保留其物理空间。
- inline：内联对象的默认值。将对象强制作为内联对象呈递,从对象中删除行。

对应的脚本特性为 display。

4）定义 CSS 的"方框"属性

选择"CSS 规则定义"对话框中的"方框"类别,可以定义控制元素在页面上的放置方式标签和属性,如图 8-77 所示。

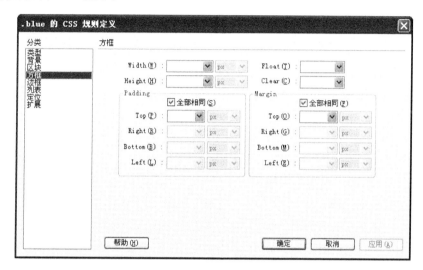

图 8-77 "方框"属性定义

其中:

（1）Width：宽度。

- auto：默认值。无特殊定位,根据 HTML 定位规则分配。
- length：由浮点数字和单位标识符组成的长度值或百分数。百分数是基于父对象的宽度,不可为负数。

对应的脚本特性为 width。

（2）Height：高度。

- auto：默认值。无特殊定位,根据 HTML 定位规则分配。
- length：由浮点数字和单位标识符组成的长度值或百分数。百分数是基于父对象的高度,不可为负数。

（3）Float：浮动。

- none：默认值。对象不飘浮。
- left：文本流向对象的右边。
- right：文本流向对象的左边。

对应的脚本特性为 styleFloat。

（4）Clear：清除。

- none：默认值。允许两边都可以有浮动对象。
- left：不允许左边有浮动对象。

- right：不允许右边有浮动对象。
- both：不允许有浮动对象。

对应的脚本特性为 clear。

（5）Padding：填充。设置样式限定对象的内容与其边线之间的距离。

- length：由浮点数字和单位标识符组成的长度值或者百分数。百分数是基于父对象的宽度，不允许负值。检索或设置对象四边的内补丁。对于 td 和 th 对象而言默认值为 1，其他对象的默认值为 0。如果提供全部 4 个参数值，将按"上"-"右"-"下"-"左"的顺序作用于四边。如果只提供一个，将用于全部的 4 条边。如果提供两个，第一个用于"上"-"下"，第二个用于"左"-"右"。如果提供三个，第一个用于"上"，第二个用于"左"-"右"，第三个用于"下"。

对应的脚本特性为 padding。

- padding-bottom：对应的脚本特性为 paddingBottom。
- padding-left：对应的脚本特性为 paddingLeft。
- padding-right：对应的脚本特性为 paddingRight。
- padding-top：对应的脚本特性为 paddingTop。

（6）Margin：边界。设置样式限定对象的边界与网页中其他对象之间的距离。

- auto：取计算机值。
- length：由浮点数字和单位标识符组成的长度值或百分数。百分数是基于父对象的高度，除了内联对象的"上"、"下"补丁外，支持使用负数值。检索或设置对象四边的外补丁，默认值为 00。如果提供全部 4 个参数值，将按"上"-"右"-"下"-"左"的顺序作用于四边。如果只提供一个，将用于全部的 4 条边。如果提供两个，第一个用于"上"-"下"，第二个用于"左"-"右"。如果提供三个，第一个用于"上"，第二个用于"左"-"右"，第三个用于"下"。

对应的脚本特性为 margin。

- margin-bottom：对应的脚本特性为 marginBottom。
- margin-left：对应的脚本特性为 marginLeft。
- margin-right：对应的脚本特性为 marginRight。
- margin-top：对应的脚本特性为 marginTop。

5）定义 CSS 的"边框"属性

选择"CSS 规则定义"对话框中的"边框"类别，可以定义元素周围的边框，如宽度、颜色和样式等，如图 8-78 所示。

其中：

（1）Style：设置对象边框的样式。

- none：默认值，无边框。不受任何指定的 border-width 值影响。
- dotted：在 MAC 平台上 IE4＋与 Windows 和 UNIX 平台上 IE5.5＋为点线，否则为实线。
- dashed：在 MAC 平台上 IE4＋与 Windows 和 UNIX 平台上 IE5.5＋为虚线，否则为实线。
- solid：实线边框。

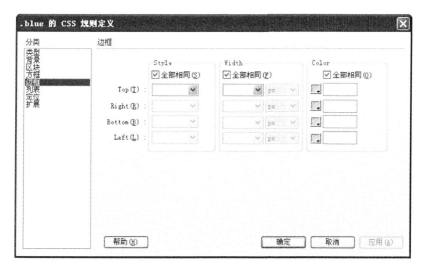

图 8-78 "边框"属性定义窗口

- double：双线边框。两条单线与其间隔的和等于指定的 border-width 值。
- groove：根据 border-color 的值画 3D 凹槽。
- ridge：根据 border-color 的值画 3D 凸槽。
- inset：根据 border-color 的值画 3D 凹边。
- outset：根据 border-color 的值画 3D 凸边。

如果提供全部 4 个参数值，将按"上"-"右"-"下"-"左"的顺序作用于 4 个边框。如果只提供一个，将用于全部的 4 条边。如果提供两个，第一个用于"上"-"下"，第二个用于"左"-"右"。如果提供三个，第一个用于"上"，第二个用于"左"-"右"，第三个用于"下"。

对应的脚本特性为 borderStyle。

- border-top-style：对应的脚本特性为 borderTopStyle。
- border-right-style：对应的脚本特性为 borderRightStyle。
- border-bottom-style：对应的脚本特性为 borderBottomStyle。
- border-left-style：对应的脚本特性为 borderLeftStyle。

（2）Width：设置对象边框的宽度。

- medium：默认值，默认宽度。
- thin：小于默认宽度。
- thick：大于默认宽度。
- length：由浮点数字和单位标识符组成的长度值，不可为负值。请参阅长度单位。
- border-top-width：对应的脚本特性为 borderTopWidth。
- border-right-width：对应的脚本特性为 borderRightWidth。
- border-bottom-width：对应的脚本特性为 borderBottomWidth。
- border-left-width：对应的脚本特性为 borderLeftWidth。

（3）Color：设置对象边框的颜色。

- border-color：color 语法取值。
- color：指定颜色。

如果提供全部 4 个参数值,将按"上"-"右"-"下"-"左"的顺序作用于 4 个边框。如果只提供一个,将用于全部的 4 条边。如果提供两个,第一个用于"上"-"下",第二个用于"左"-"右"。如果提供三个,第一个用于"上",第二个用于"左"-"右",第三个用于"下"。

border-top-style 设置为 none 或 border-top-width 设置为 0,本属性将失去作用。

对应的脚本特性为 borderColor。

- border-top-color:对应的脚本特性为 borderTopColor。
- border-right-color:对应的脚本特性为 borderRightColor。
- border-bottom-color:对应的脚本特性为 borderBottomColor。
- border-left-color:对应的脚本特性为 borderLeftColor。

6) 定义 CSS 的"列表"属性

选择"CSS 规则定义"对话框中的"列表"类别,可以为列表标签定义列表设置,如项目符号大小和类型,如图 8-79 所示。

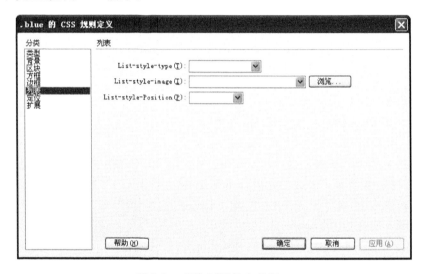

图 8-79 "列表"属性定义窗口

其中:

(1) List-style-type(类型):设置或检索对象的列表项所使用的预设标记。

- disc:默认值,实心圆。
- circle:空心圆。
- square:实心方块。
- decimal:阿拉伯数字。
- lower-roman:小写罗马数字。
- upper-roman:大写罗马数字。
- lower-alpha:小写英文字母。
- upper-alpha:大写英文字母。
- none:不使用项目符号。

若 list-style-image 属性值为 none 或指定 url 地址的图片不能被显示时,此属性将发生作用。假如一个列表项目的左外补丁(margin-left)被设置为 0,则列表项目标记不会被显示。左外补丁最小可以被设置为 30。

对应的脚本特性为 listStyleType。

（2）List-style-image(项目符号图像)：设置或检索作为对象的列表项标记的图像。

• none：默认值，不指定图像。

• url：使用绝对或相对 url 地址指定图像。

若此属性值为 none 或指定 url 地址的图片不能被显示时，list-style-type 属性将发生作用。

对应的脚本特性为 listStyleImage。

（3）List-style-Position(位置)。

• outside：默认值，列表项目标记放置在文本以外，且环绕文本不根据标记对齐。

• inside：列表项目标记放置在文本以内，且环绕文本根据标记对齐。

设置或检索作为对象的列表项标记如何根据文本排列。假如一个列表项目的左外补丁(margin-left)被设置为 0，则列表项目标记不会被显示。左外补丁最小可以被设置为 30。

对应的脚本特性为 listStylePosition。

7）定义 CSS 的"定位"属性

选择"CSS 规则定义"对话框中的"定位"类别，"定位"样式属性使用"AP 元素"，首先参数中定义 AP 元素的默认标签，将标签或所选文本块更改为新 AP 元素，如图 8-80 所示。

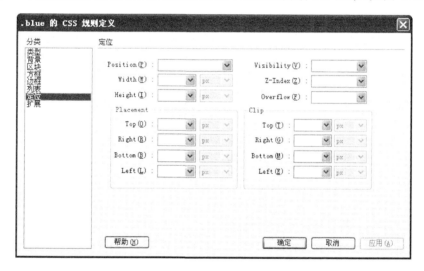

图 8-80　"定位"属性定义窗口

其中：

（1）Position：对象的定位方式。

• static：默认值。无特殊定位，对象遵循 HTML 定位规则。

• absolute：绝对定位。设置此属性值为 absolute 会将对象拖离出正常的文档流绝对定位而不考虑它周围内容的布局。假如其他具有不同 z-index 属性的对象已经占据了给定的位置，它们之间不会相互影响，而会在同一位置层叠。此时对象不具有外补丁(margin)，但仍有内补丁(padding)和边框(border)。要激活对象的绝对(absolute)定位，必须指定 left、right、top 和 bottom 属性中的至少一个，并且设置此属性值为 absolute。否则上述属性会使用它们的默认值 auto，这将导致对象遵从正常的 HTML 布局规则，在前一个对象之后立即被呈递。

- fixed：固定。对象定位遵从绝对方式，但是要遵守一些规范。
- relative：相对定位。设置此属性值为 relative 会保持对象在正常的 HTML 流中，但是它的位置可以根据它的前一个对象进行偏移。在相对定位对象之后的文本或对象占有它们自己的空间而不会覆盖被定位对象的自然空间。与此不同的是，在绝对定位对象之后的文本或对象在被定位对象被拖离正常文档流之前会占有它的自然空间。放置绝对定位对象在可视区域之外会导致滚动条出现，而放置相对定位对象在可视区域之外，滚动条不会出现。内容的尺寸会根据布局确定对象的尺寸。例如，设置一个 div 对象的 height 和 position 属性，则 div 对象的内容将决定它的宽度（width）。对于其他对象而言是可读写的。

对应的脚本特性为 position。

（2）Width：定义 AP 元素的宽度。

（3）Height：定义 AP 元素的高度。

（4）Visibility：设置或检索是否显示对象。

- inherit：默认值。继承父对象的可见性。
- visible：对象可视。
- collapse：未支持。主要用来隐藏表格的行或列。隐藏的行或列能够被其他内容使用。对于表格外的其他对象，其作用等同于 hidden。
- hidden：对象隐藏。与 display 属性不同，此属性为隐藏的对象保留其占据的物理空间。

对应的脚本特性为 visibility。

（5）Z-Index：检索或设置对象的层叠顺序。

- auto：默认值。遵从其父对象的定位。
- number：无单位的整数值，可为负数。较大 number 值的对象会覆盖在较小 number 值的对象之上。如两个绝对定位对象的此属性具有同样的 number 值，那么将依据它们在 HTML 文档中声明的顺序层叠。对于未指定此属性的绝对定位对象，此属性的 number 值为正数的对象会在其之上，而 number 值为负数的对象在其之下。设置参数为 null 可以移除此属性。此属性仅仅作用于 position 属性值为 relative 或 absolute 的对象。

对应的脚本特性为 zIndex。

（6）Overflow：检索或设置当对象的内容超过其指定高度及宽度时如何管理内容。

- visible：默认值。不剪切内容，也不添加滚动条。
- auto：在必需时对象内容才会被裁切或显示滚动条。
- hidden：不显示超过对象尺寸的内容。
- scroll：总是显示滚动条。

对应的脚本特性为 overflow。

（7）Placement：设置对象定位层的位置。

- Top：顶部定位。

- Right：右边定位。
- Bottom：底部定位。
- Left：左边定位。

对应的脚本特性为 placement。

（8）Clip：检索或设置对象的可视区域。

- auto：默认值。对象无剪切。
- number：依据"上"-"右"-"下"-"左"的数值设置对象。左上角为(0,0)坐标计算的 4 个偏移数值,其中任一数值都可用 auto 替换,即此边不剪切。

可视区域外的部分是透明的。此属性定义了绝对定位对象可视区域的尺寸。必须将 position 属性的值设为 absolute,此属性方可使用。

对应的脚本特性为 clip。

8）定义 CSS 的"扩展"属性

选择"CSS 规则定义"对话框中的"扩展"类别,"扩展"样式属性包括过滤器、分页和指针选项,它们中的大部分不被任何浏览器支持,或仅被 Internet Explorer4.0 及以上版本支持,如图 8-81 所示。

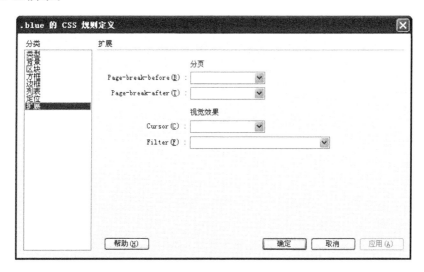

图 8-81 "扩展"属性定义窗口

其中：

（1）Page-break-before(之前)：检索或设置对象前出现的页分割符。此属性在打印文档时发生作用。

- auto：假如需要在对象之前插入页分割符。
- always：始终在对象之前插入页分割符。
- avoid：未支持。避免在对象之前插入页分割符。
- left：未支持。在对象之前插入页分割符,直到它到达一个空白的左页边。
- right：未支持。在对象之前插入页分割符,直到它到达一个空白的右页边。
- null：空白字符串。取消页分割符设置。

假如在浏览器已显示的对象上此属性和 page-break-after 属性的值之间发生冲突,则导致最大数目分页的值被使用。页分隔符不允许出现在定位对象内部。

对应的脚本特性为 pageBreakBefore。

(2) Page-break-after(之后)：检索或设置对象后出现的页分割符。此属性在打印文档时发生作用。

- auto：假如需要在对象之后插入页分割符。
- always：始终在对象之后插入页分割符。
- avoid：未支持。避免在对象后面插入页分割符。
- left：未支持。在对象后面插入页分割符，直到它到达一个空白的左页边。
- right：未支持。在对象后面插入页分割符，直到它到达一个空白的右页边。
- null：空白字符串。取消页分割符设置。

假如在浏览器已显示的对象上此属性和 page-break-before 属性的值之间发生冲突，则导致最大数目分页的值被使用。页分隔符不允许出现在定位对象内部。

对应的脚本特性为 pageBreakAfter。

(3) Cursor(光标)：设置或检索在对象上移动的鼠标指针采用的光标形状。

- auto：默认值。浏览器根据当前情况自动确定鼠标光标类型。
- all-scroll：有上、下、左、右 4 个箭头，中间有一个圆点的光标。用于标示页面可以向上、下、左、右任何方向滚动。
- col-resize：有左、右两个箭头，中间有竖线分隔开的光标。用于标示项目或标题栏可以被水平改变尺寸。
- crosshair：简单的十字线光标。
- default：客户端平台的默认光标。通常是一个箭头。
- hand：竖起一只手指的手形光标。就像通常用户将光标移到超链接上时那样。
- move：十字箭头光标。用于标示对象可被移动。
- help：带有问号标记的箭头。用于标示有帮助信息存在。
- no-drop：带有一个被斜线贯穿的圆圈的手形光标。用于标示被拖起的对象不允许在光标的当前位置被放下。
- not-allowed：禁止标记(一个被斜线贯穿的圆圈)光标。用于标示请求的操作不允许被执行。
- pointer：和 hand 一样。竖起一只手指的手形光标。就像通常用户将光标移到超链接上时那样。
- progress：带有沙漏标记的箭头光标。用于标示一个进程正在后台运行。
- row-resize：有上、下两个箭头，中间有横线分隔开的光标。用于标示项目或标题栏可以被垂直改变尺寸。
- text：用于标示可编辑的水平文本的光标。通常是大写字母 I 的形状。
- vertical-text：用于标示可编辑的垂直文本的光标。通常是大写字母 I 旋转 90° 的形状。
- wait：用于标示程序忙用户需要等待的光标。通常是沙漏或手表的形状。
- *-resize(包括 w-resize、s-resize、n-resize、e-resize、ne-resize、sw-resize、se-resize 和 nw-resize)：用于标示对象可被改变尺寸方向的箭头光标。

对应的脚本特性为 cursor。

（4）Filter（滤镜）：设置或检索对象所应用的滤镜或滤镜集合。

filter：要使用的滤镜效果。多个滤镜之间用空格隔开。

此属性仅作用于有布局的对象，如块对象。内联要素要使用该属性，必须先设定对象的 height 或 width 属性，或者设定 position 属性为 absolute，或者设定 display 属性为 block。

8.3.5 CSS 样式的应用

创建的 CSS 样式有三种存在方式，即直接插入式、内部文档头方式和外部文件方式，对应也有三种应用方法。

1. 直接插入式

直接插入式是混合在 HTML 标记里使用的，用这种方法可以很简单的对某个元素单独定义样式。

直接插入式的使用是直接在 HTML 标记里加入 style 参数。而 style 参数的内容就是 CSS 的属性和值，例如：

```
< p style = "color:blue; margin - left:10px;">
…
…
</p>
```

注意：style 参数可以应用于任意 body 内的元素（包括 body 本身），除了 BaseFont、Param 和 Script 之外。

应用场合：对某个元素单独定义样式。

2. 插入内部文档头方式

内部文档头方式是把样式代码放到页面的< head >和</head>之间，并用<style>和</style>标记进行声明，例如：

```
< head >
…
< style type = "text/css">
hr {color: sienna}
p {margin - left: 20px}
body {background - image: url("images/back40.gif")}
</style>
…
</head>
```

但是，有些低版本的浏览器不能识别 style 标记，这意味着低版本的浏览器会忽略 style 标记里的内容，并把 style 标记里的内容以文本的方式直接显示到页面上。为了避免这样的情况发生，可以用加 HTML 注释的方式（< ！--注释-- >）隐藏内容而不让它显示，即：

```
< head >
…
< style type = "text/css">
<! --
```

```
hr {color: sienna}
p {margin - left: 20px}
body {background - image: url("images/back40.gif")}
 -->
</style>
 …
</head>
```

应用场合：应用于单个网页。

3. 引用外部文件方式

一系列存储在一个单独的外部文件中的 CSS 规则，利用文档文件头部分中的链接，应用到 Web 站点中的一个或多个页面。

引用外部文件方式分为链接外部样式表和导入外部样式表两类。

在任何一个准备引用外部样式表文件的页面上单击"CSS 样式"面板的"附加样式表"按钮 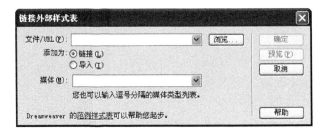（或选择"格式"→"CSS 样式"→"附加样式表"命令，或选择"属性"面板的 HTML 标签下的"类"中的"附加样式表"选项），打开"链接外部样式表"对话框，如图 8-82 所示。

图 8-82 "链接外部样式表"对话框

选择要链接或导入到当前文档中的外部样式表文件，再选择"添加为"（"链接"或"导入"）选项，可以选择文件的媒体类型，然后单击"确定"按钮即可。

（1）链接外部样式表

链入外部样式表是把样式表保存为一个样式表文件，然后在页面中用＜link＞标记链接到这个样式表文件，这个标记必须放到页面的＜head＞和/head＞之间，如：

```
< head >
 …
< link href = "mystyle.css" rel = "stylesheet" type = "text/css" media = "all">
 …
</head >
```

上面这个例子表示浏览器从 mystyle.css 文件中以文档格式读出定义的样式表。rel＝"stylesheet"是指在页面中使用这个外部的样式表。type＝"text/css"是指文件的类型是样式表文本。href＝"mystyle.css"是文件所在的位置。media 是选择媒体类型，这些媒体包括屏幕、纸张、语音合成设备、盲文阅读设备等。

一个外部样式表文件可以应用于多个页面。当改变这个样式表文件时，所有页面的样式都随之而改变。在制作大量相同样式页面的网站时非常有用，不仅减少了重复的工作量，而且有利于以后的修改和编辑，浏览时也减少了重复下载代码的时间。

（2）导入外部样式表

导入外部样式表是指在内部样式表的＜style＞里导入一个外部样式表，导入时用@ import，如：

```
< head >
…
< style type = "text/css">
<! --
@ import "mystyle.css"
其他样式表的声明
-- >
</style >
…
</head >
```

例中@import"mystyle.css"表示导入 mystyle.css 样式表文件，注意使用时外部样式表的路径。方法和链入样式表的方法很相似，但导入外部样式表输入方式更有优势。实质上它是相当于存在内部样式表中的。

链接外部样式表与导入外部样式表的差别：

（1）使用协议不同。

链接样式使用的是 HTTP 协议，而导入样式使用的是 URL，可更广泛地应用于各种协议，如 HTTP、FTP 等。当一个 CSS 样式文件中引用另一个 CSS 样式文件时，必须使用导入的方式，而不能使用链接方式。

（2）功能不同。

Link 标签除了可以加载 CSS 外，还可以做其他事情，如定义 RSS(简易信息聚合)、定义 rel 连接属性等，而@import 就只能加载 CSS。

（3）加载顺序不同。

当一个页面被加载的时候，Link 引用的 CSS 会同时被加载，而@import 引用的 CSS 会等到页面全部被下载后再被加载。所以，有时浏览@import 加载 CSS 的页面时，开始没有样式（即闪烁），网速较慢时更明显。

（4）兼容性不同。

由于@import 是 CSS2.1 提出的，因此旧版本的浏览器不支持，只有 IE5 以上版本才能识别，而 Link 标签无此问题。

（5）使用 dom 控制样式时不同。

当使用 JavaScript 控制 dom 去改变样式时，只能使用 Link 标签，因为@import 不能控制 dom。

8.4　模板和库的应用

通常一个网站中有几十乃至上百个风格基本相似的页面，每个页面都要逐个制作，不但效率低，而且十分乏味。模板和库很好地解决了这个问题。

模板是一种预先设计好的网页样式，用于设计网页布局，在制作风格相似的页面时，只要套用这个模板便可以设计出风格一致的网页。模板最强大的用途在于可以一次更新多个页面,利用模板创建的文档与该模板保持连接状态(除非以后分离该文档),可以修改模板并立即更新基于该模板的所有文档中的设计。

库是将具有相同内容的部分存储为库元素,库中可以存储各种各样的页面元素,如图像、表格、声音或动画文件等,在需要时将它们作为一个整体进行调用即可。库中存储的资源称为库项目,库项目可以在多个网页中重复使用。每当更改某个库项目的内容时,都可以更新所有使用该项目的页面。

8.4.1 模板的基本操作

1. 模板的基本特点

(1) 可以生成大批风格相近的网页。

模板可以帮助设计者把网页的布局和内容分离,快速制作大量风格布局相似的 Web 页面,使网页设计更规范,制作效率更高。

(2) 一旦模板修改将自动更新使用该模板的一批网页。

从模板创建的文档与该模板保持连接状态(除非以后分离该文档),当模板改变时,所有使用该模板的网页都将随之改变。

2. 模板的创建方法

模板的创建方法如下:

(1) 通过菜单创建。

① 在"文件"面板中选择要创建模板的站点。

② 选择"文件"→"新建"命令,打开"新建文档"对话框,选择"空模板"中的"HTML 模板"选项,再选择一种布局方式,如图 8-83 所示。

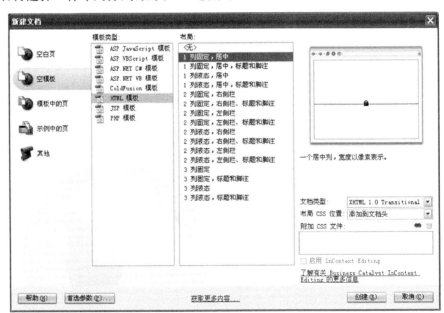

图 8-83 "新建文档"对话框

③ 单击"创建"按钮,即创建一个空白模板。

(2) 通过"资源"面板创建模板。

① 在"文件"面板中选择要创建模板的站点。

② 选择"窗口"→"资源"命令,打开"资源"面板,单击"添加"按钮,输入模板名称,即创建了模板,如图 8-84 所示。

(3) 利用现成网页创建模板。

① 选择"文件"→"打开"命令,打开要作为模板的网页。

② 选择"文件"→"另存为模板"命令,打开"另存为模板"对话框,输入模板名称 moban1,如图 8-85 所示。

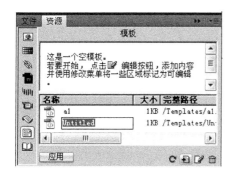

图 8-84 "资源"面板

图 8-85 "另存模板"对话框

③ 单击"保存"按钮,即创建一个模板。

3. 创建模板区域

创建模板时可指定基于模板的文档中哪些区域可编辑,哪些区域被锁定。创建模板时,可编辑区域和锁定区域都可以更改。在基于模板的文档中,模板用户只能更改可编辑区域,无法修改锁定区域。

模板区域主要有可编辑区域、重复区域和可选区域等类型。

创建模板区域的方法是:选择"插入"→"模板对象"下的相应命令,如图 8-86 所示。

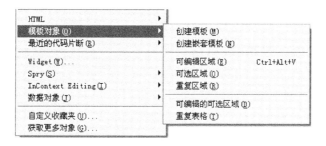

图 8-86 利用"插入"菜单创建模板区域

(1) 创建可编辑区域。

可编辑区域控制在基于模板的页面中用户可以编辑哪些区域。

创建可编辑区域过程如下:

① 在已创建的模板文档中编辑网页,其布局、制作方法与普通网页完全相同。

② 将插入点置于要插入可编辑区域的地方。

③ 选择"插入"→"模板对象"→"可编辑区域"命令,打开"新建可编辑区域"对话框,如图 8-87 所示。

④ 输入该区域的名称,单击"确定"按钮,即创建了一个可编辑区域。

可编辑区域在模板中由高亮度显示的矩形边框围绕,该边框使用在参数选择中设置的高亮颜色,该区域左上角的选项卡显示该区域的名称,如图 8-88 所示。

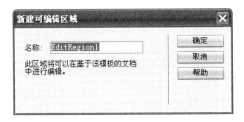

图 8-87　"新建可编辑区域"对话框　　　　　　　图 8-88　"可编辑区域"图示

（2）创建重复区域。

重复区域是可以根据需要在基于模板的页面中复制任意次数的模板部分。重复区域通常用于表格,也可以为其他元素定义重复区域。

创建重复区域过程如下:

① 在文档窗口中选择要设置为重复区域的文本(或其他内容),或将插入点置于文档中要插入重复区域的地方。

② 选择"插入"→"模板对象"→"重复区域"命令,打开"新建重复区域"对话框,如图 8-89 所示。

③ 输入该区域的名称,单击"确定"按钮,即创建了一个重复区域。

重复区域在模板中由高亮度显示的矩形边框围绕,该边框使用在参数选择中设置的高亮颜色,该区域左上角的选项卡显示该区域的名称,如图 8-90 所示。

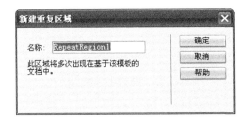

图 8-89　"新建重复区域"对话框　　　　　　　图 8-90　"重复区域"图示

（3）创建可选区域。

使用"可选区域"可以控制不一定在基于模板的文档中显示的内容。例如,如果"可选区域"中包含图像或文本,模板用户可以设置该内容是否显示,并根据需要对该内容进行编辑。"可选区域"是由条件语句控制的。

"可选区域"分为"一般可选区域"和"可编辑的可选区域"两种类型。

① 创建一般可选区域。

在文档窗口中选择要设置为"可选区域"的元素,再选择"插入"→"模板对象"→"可选区域"命令,打开"新建可选区域"对话框,如图 8-91 所示。

 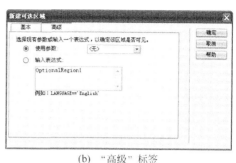

(a) "基本"标签　　　　　　　　　　　　　　　(b) "高级"标签

图 8-91 "新建可选区域"(一般可选区域)对话框

输入该区域的名称,单击"确定"按钮,即创建了一个可选区域,如图 8-92 所示。

图 8-92 "可选区域"图示

② 创建可编辑的可选区域。

在文档窗口中将插入点置于要插入"可选区域"的地方,再选择"插入"→"模板对象"→"可编辑的可选区域"命令,打开"新建可选区域"对话框,如图 8-93 所示。

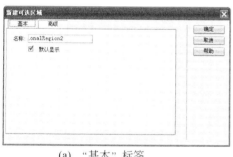 

(a) "基本"标签　　　　　　　　　　　　　　　(b) "高级"标签

图 8-93 "新建可选区域"(可编辑的可选区域)对话框

输入该区域的名称,单击"确定"按钮,即创建了一个可编辑的可选区域,如图 8-94 所示。

图 8-94 "可编辑的可选区域"图示

8.4.2 库的基本操作

Dreamweaver CS5 中的库项目与模板一样,可以规范网页格式,避免对此重复操作。两者的区别是模板对网页的整体页面起作用,库项目只对网页的部分区域起作用,使用库比使用模板更灵活。

1. 创建库项目

网页文档 body 部分中的文本、表格、表单、插件、ActiveX 元素、导航条和图像等元素都可添加为库项目。

创建库项目的过程如下:

(1) 选择"窗口"→"资源"命令,打开"资源"面板,单击面板左侧的"库"按钮,打开"库"资源。

(2) 单击"库"类别底部的新建库项目按钮,一个新的库项目被添加到面板上的列表中,为新库项目输入一个名称,如图 8-95 所示。

(3) 双击该库项目,在文档窗口中进行编辑后,关闭此文档,提示是否保存库,如图 8-96 所示。

图 8-95 "创建空白库项目"资源面板

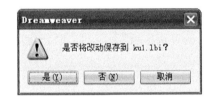

图 8-96 提示是否保存库

(4) 单击"是"按钮,即保存了库项目。

2. 插入库项目

当向页面添加库项目时,将把实际内容及对该库项目的引用一起插入到文档中。

插入库项目的过程如下:

(1) 将光标置于文档窗口中。

(2) 在库的"资源"面板中将一个库项目从"资源"面板拖曳到"文档"窗口中,或选择一个库项目,单击面板底部的"插入"按钮,即可把一个库项目插入到文档中。

插入库项目后,在"文档"窗口的下方出现"库项目"属性面板,如图 8-97 所示。

图 8-97 "库项目"属性面板

8.5 综合实例

在前面章节中，主要介绍了 Dreamweaver CS5 的基本知识、基本操作方法和一些高级应用。在这一节中将以"古诗文欣赏"网站为例介绍利用 Dreamweaver CS5 制作网页的具体方法。

主要操作步骤如下：

1. 创建站点

选择"站点"→"新建站点"命令，或选择"站点"→"管理站点"命令，在"管理站点"对话框中单击"新建"按钮，打开"站点设置对象"对话框，输入站点名称 gswxs 及本地站点文件夹路径 J:\gswxs\，如图 8-98 所示。

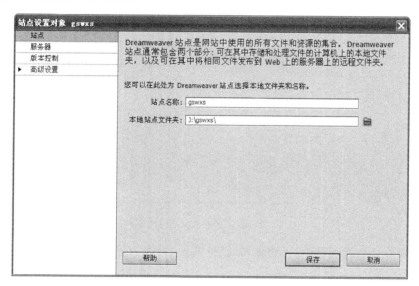

图 8-98 "站点设置对象"对话框

2. 新建文件夹

新建 Images 图像文件夹，用于存放图像素材。

3. 创建模板

1）基本页面设计

（1）在站点中新建页面，选择"修改"→"页面属性"命令，打开"页面属性"对话框，设置页面标题为"古诗文欣赏"，背景颜色为♯CCF，文本颜色为♯00F，如图 8-99 所示。

（2）单击"确定"按钮，确认页面设置。

（3）选择"文件"→"另存为模板"命令，打开"另存模板"对话框，文件名为 page. dwt，文件名的扩展名由系统自动添加，如图 8-100 所示。

单击"保存"按钮，系统将模板保存到站点根目录下的 Templates 文件夹中。

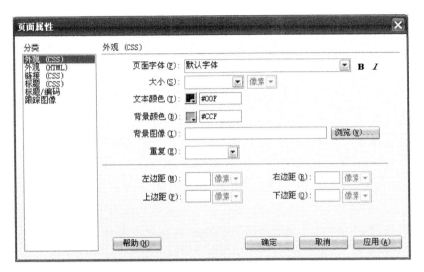

图 8-99　"页面属性"对话框

图 8-100　"另存模板"对话框

（4）将光标定位在页面中，设置模板"属性"，将"对齐方式"设置为"居中对齐"。

（5）插入表格 T1：制作网站标志。

① 选择"插入"→"表格"命令，打开"表格"对话框，设置 1 行、2 列，宽度为 900 像素，边框粗细为 1，单元格边距为 0，单元格间距为 5。"表格 T1"的属性面板如图 8-101 所示。

图 8-101　"表格 T1"的属性面板

② 设置第一个单元格宽为 115 像素，"垂直"对齐方式为"居中"对齐，背景颜色为 ♯CCCC66，插入图片 Images\gsw.gif。

③ 设置第二个单元格"垂直"对齐方式为"顶端"对齐，背景颜色为 ♯CCCC66，插入图片 Images\gswxs.gif，如图 8-102 所示。

图 8-102 设置"表格 T1"

（6）插入表格 T2：制作导航栏。

另起一行，插入 1 行、1 列的表格，宽为 900 像素，边框粗细为 1，单元格边距为 0，单元格间距为 5，设置单元格背景颜色为♯deceff。

在单元格中设置对齐方式为"居中对齐"，输入"古诗文"标题，中间用竖线间隔，将文本设置为宋体、14 像素。由于面板中的古诗文内容尚未确定，暂用"添加古诗文标题"替代，等后面再作修改，如图 8-103 所示。

图 8-103 添加古诗文标题

（7）插入表格 T3：制作间隔行。

另起一行，插入 1 行、1 列的表格，宽为 900 像素，边框粗细为 0，单元格边距为 0，单元格间距为 0。

（8）插入表格 T4：制作古诗文内容。

另起一行，插入 3 行、1 列的表格，宽为 900 像素，边框粗细为 1，单元格边距为 0，单元格间距为 5，设置单元格背景颜色为♯deceff。

将 T4 表格的第 1 行拆分成 3 列，第 1 列和第 3 列宽度分别设置为 150 像素和 180 像素。选中这三个单元格，设置对齐方式为"居中对齐"，在第 1 个单元格中输入"古诗文题目"，在第 3 个单元格中输入"诗人："，将文本设置为宋体、12 像素。

设置 T4 表格的第 2 行"垂直"对齐方式为"顶端"对齐。

T4 表格的第 3 行用于设置"重复区域"显示图片，稍后进行设置。

（9）插入表格 T5：制作间隔行。

另起一行，插入 1 行、1 列的表格，宽为 900 像素，边框粗细为 0，单元格边距为 0，单元格间距为 0。

（10）插入表格 T6：制作版权信息。

另起一行，插入 1 行、1 列的表格，宽为 900 像素，边框粗细为 1，单元格边距为 0，单元格间距为 1，设置单元格背景颜色为♯deceff。

在单元格中输入版权信息，将文本设置为宋体、12 像素，如图 8-104 所示。

图 8-104 版权信息

2）面板区域设计

（1）创建可编辑区域。

① 将光标置于 T4 表格的第 1 行第 2 个单元格中，选择"插入"→"面板对象"→"可编辑区域"命令，打开"新建可编辑区域"对话框，输入名称为 title，如图 8-105 所示。

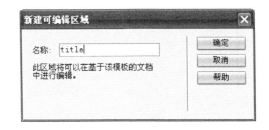

图 8-105 "新建可编辑区域"对话框

② 同理，创建可编辑区域 author 和 content，如图 8-106 所示。

图 8-106 创建好的可编辑区域

（2）创建重复区域。

① 插入表格 T7：用于设置重复区域。

将光标置于 T4 表格的第 3 行单元格中，插入 1 行、8 列的表格，宽为 98％，边框粗细为 0，单元格边距为 0，单元格间距为 0。

② 在表格 T7 中的每个单元格中分别插入 1 行、1 列的表格,宽为 98%,对齐方式为"居中对齐",插入图片和文本,如图 8-107 所示。

图 8-107 设置表格 T7 的内容

③ 选中表格 T7,选择"插入"→"面板对象"→"重复区域"命令,打开"新建重复区域"对话框,输入名称为 tupian,如图 8-108 所示。

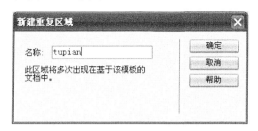

图 8-108 "新建重复区域"对话框

④ 分别选中表格 T7 各单元格中的表格,将它们设置为"可编辑区域",名称分别为 tupian1、tupian2、tupian3、tupian4、tupian5、tupian6、tupian7 和 tupian8,如图 8-109 所示。

图 8-109 创建"重复区域"和"可编辑区域"

3) 选择"文件"→"保存"命令,保存模板文件

4. 利用模板创建网页

1) 创建页面

新建页面,打开"资源"面板,单击左侧的"模板"按钮,选中模板 page.dwt,将其拖入页面编辑窗口,此时页面周围是黄色的边框,除可编辑区域外,其他区域不能进行任何编辑操作。

2) 添加元素

(1) 在可编辑区域中添加元素。

将光标定位在名称为 title 的可编辑区域中,输入文本"暮江吟";将光标定位在名称为

author 的可编辑区域中,输入文本"白居易";将光标定位在名称为 content 的可编辑区域中,输入下列文本:

暮江吟

白居易

一道残阳铺水中,

半江瑟瑟半江红。

可怜九月初三夜,

露似珍珠月似弓。

将该网页保存为 index.html,如图 8-110 所示。

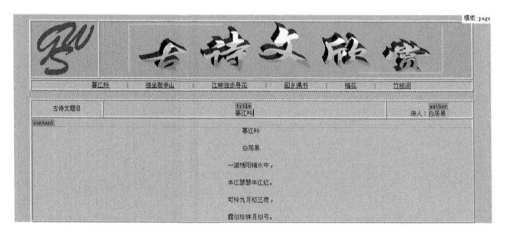

图 8-110　在"可编辑区域"添加元素

(2) 在重复区域中添加元素。

单击"重复:tupian"处的"+"按钮,增加一个表格,由于该表格同时定义了可编辑性,因此可以修改其内容,修改后的结果如图 8-111 所示。

图 8-111　在"重复区域"添加元素

保存 index.html 网页文档。

（3）同理，设计制作 p1.html、p2.html、p3.html、p4.html 和 p5.html 页面，古诗文题目分别为"独坐敬亭山"、"江畔独步寻花"、"回乡偶书"、"梅花"和"竹枝词"，诗人分别为"李白"、"杜甫"、"贺知章"、"王安石"和"刘禹锡"。

5. 编辑修改模板及更新

在模板 page.dwt 中，表格 T2 中的导航栏还没有输入古诗文的标题及设置链接。下面讲解模板的编辑修改及更新方法。

（1）在"资源"面板中选中 page.dwt 模板，双击打开模板的编辑状态。

（2）将导航栏中的"添加古诗文标题"替换成各古诗文的标题，分别为"暮江吟"、"独坐敬亭山"、"江畔独步寻花"、"回乡偶书"、"梅花"和"竹枝词"，并分别创建超链接至网页文档 index.html、p1.html、p2.html、p3.html、p4.html 和 p5.html，如图 8-112 所示。

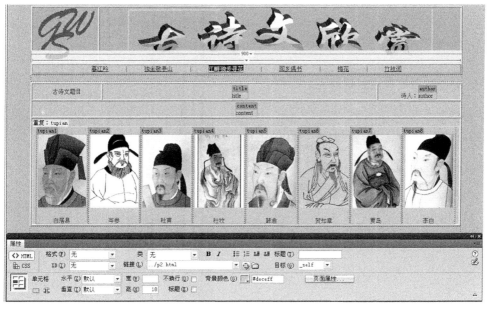

图 8-112　编辑修改模板

（3）保存该模板文件，打开"更新模板文件"对话框，询问"要基于此模板更新所有文件吗？"，如图 8-113 所示。

图 8-113　"更新模板文件"对话框

（4）单击"更新"按钮，则 Dreamweaver CS5 自动更新所有用到该模板的网页文件。

（5）更新完成后，弹出"更新页面"对话框，显示更新页面情况，如图 8-114 所示。

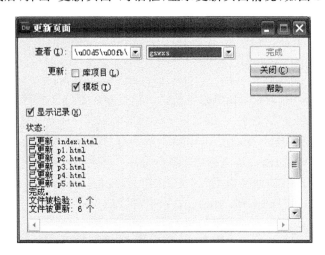

图 8-114 "更新页面"对话框

6. 上传站点或直接浏览网页

"古诗文欣赏"网站设计完成后，可以利用 Dreamweaver CS5 或其他 FTP 上传工具上传至相应的服务器，或者直接打开站点文件夹，浏览网页。

第9章

动态网站开发

本章内容主要以 Adobe Dreamweaver CS5 为网站设计平台,通过建立 ASP 运行环境与数据库建立连接,逐步介绍动态网页制作的基本技能和 Adobe Dreamweaver CS5 的应用技巧,并结合设计实例介绍 ASP 动态网站的设计过程。

9.1 动态网站概述

动态网站并不是指具有动画功能的网站,而是指网站内容可根据不同情况动态变更的网站,一般情况下动态网站通过数据库进行架构。动态网站除了要设计网页外,还要通过数据库和编写程序来使网站具有更多自动的和高级的功能。动态网站体现在网页文件一般是以 asp、jsp、php 和 aspx 等为后缀,而静态网页文件一般是以 html 为后缀,动态网站服务器空间配置要比静态的网页要求高,费用也相对较高,不过动态网页有利于网站内容的更新,适合企业建站。动态网站的工作原理如图 9-1 所示。

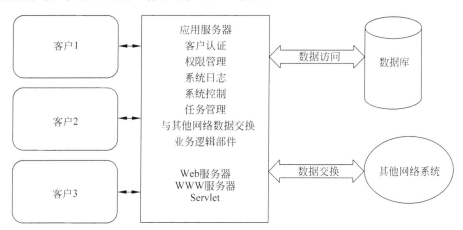

图 9-1　动态网站的工作原理图

1.动态网站的功能特点

(1)动态网站可以实现交互功能,如用户注册、信息发布、产品展示和订单管理等。

(2)动态网页并不是独立存在于服务器的网页文件,而是浏览器发出请求时才反馈的网页。

（3）动态网页中包含有服务器端脚本，所以页面文件名常以 asp、jsp、php 和 aspx 等为后缀。但也可以使用 URL 静态化技术，使网页后缀显示为 html。所以不能以页面文件的后缀作为判断网站是动态还是静态的唯一标准。

（4）动态网页由于需要数据库处理，因此动态网站的访问速度大大减慢。

（5）动态网页由于存在特殊代码，因此相比较静态网页而言，其对搜索引擎的友好程度相对要弱一些。

但随着计算机性能的提升及网络带宽的提升，最后两条已经基本得到解决。

2. 动态网站的开发语言

目前，用于动态网站开发的语言主要有 4 种：ASP、ASP.NET、PHP 和 JSP 等。

（1）ASP（Active Server Pages，活跃服务器页）是微软开发的一种类似超文本标记语言（HTML）、脚本（Script）与 CGI（公用网关接口）的结合体，它没有提供自己专门的编程语言，而是允许用户使用许多已有的脚本语言编写 ASP 的应用程序。ASP 的程序编制比 HTML 更方便且更有灵活性，它是在 Web 服务器端运行，运行后再将运行结果以 HTML 格式传送至客户端的浏览器。因此 ASP 与一般的脚本语言相比，要安全得多。

ASP 的最大好处是可以包含 HTML 标签，也可以直接存取数据库及使用无限扩充的 ActiveX 控件，因此在程序编制上要比 HTML 方便，而且更富有灵活性。通过使用 ASP 的组件和对象技术，用户可以直接使用 ActiveX 控件，调用对象方法和属性，以简单的方式实现强大的交互功能。

但 ASP 技术也非完美无缺，由于它基本上是局限于微软的操作系统平台之上，主要工作环境是微软的 IIS 应用程序结构，又因 ActiveX 对象具有平台特性，所以 ASP 技术不能很容易地实现在跨平台 Web 服务器上工作。

（2）ASP.NET 的前身是 ASP 技术，是在 IIS 2.0（Windows NT 3.51）与 ADO 1.0 一起推出，在 IIS 3.0（Windows NT 4.0）发扬光大，成为服务器端应用程序的热门开发工具，微软还特别为它量身打造了 Visual Inter Dev 开发工具，在 1994～2000 年之间，ASP 技术已经成为微软推展 Windows NT 4.0 平台的关键技术之一，数以万计的 ASP 网站也是在这个时候开始如雨后春笋般出现在网络上。它的简单及高度可定制化的能力也是它能迅速崛起的原因之一。不过 ASP 的缺点也逐渐的浮现出来：面向过程型的程序开发方法让维护的难度提高很多，尤其是大型的 ASP 应用程序。解释型的 VBScript 或 JScript 语言让性能无法完全发挥。扩展性由于其基础架构的不足而受限，虽然有 COM 元件可用，但开发一些特殊功能时，没有来自内置的支持，需要寻求第三方控件商的控件。

（3）PHP（Hypertext Preprocessor）是当今 Internet 上最为火热的脚本语言，其语法借鉴了 C、Java 和 PERL 等语言，但只需要很少的编程知识就能使用 PHP 建立一个真正交互的 Web 站点。

它与 HTML 语言具有非常好的兼容性，使用者可以直接在脚本代码中加入 HTML 标签，或者在 HTML 标签中加入脚本代码，从而更好地实现页面控制。PHP 提供了标准的数据库接口，数据库连接方便，兼容性强，扩展性强，可以进行面向对象编程。

（4）JSP（Java Server Pages）是由 Sun Microsystem 公司于 1999 年 6 月推出的新技术，是基于 Java Servlet 及整个 Java 体系的 Web 开发技术。

JSP 和 ASP 在技术方面有许多相似之处，不过两者来源于不同的技术规范组织，以至 ASP 一般只应用于 Windows NT/2000 平台，而 JSP 则可以在 85% 以上的服务器上运行，而且基于 JSP 技术的应用程序比基于 ASP 的应用程序易于维护和管理，所以被许多人认为是未来最有发展前途的动态网站技术。

9.2 设置动态网站开发及运行环境

1. 安装并配置 ASP 环境 IIS

ASP 页面的运行需要计算机安装有服务器组件 IIS（Internet 信息服务）。IIS 是 Windows 的一个组件，一般需单独安装，因此，如果计算机中尚未安装 IIS，可打开控制面板，启动"添加或删除程序"服务来安装 IIS。当安装完成后，在控制面板中启动"管理工具"中的"计算机管理"服务后可以看到"Internet 信息服务"，然后在"默认网站"上右击鼠标添加虚拟目录，如图 9-2 所示。

图 9-2 计算机管理中的"Internet 信息服务"

注意：

（1）创建虚拟目录主要适用于当前计算机中的 IIS 为多个网站提供服务的情况，此时每个网站对应于一个虚拟目录，在浏览器中浏览网站主页时使用"http://域名"或"IP 地址/虚拟目录名/index.html"，而在本机测试时使用"http://localhost/虚拟目录名/index.html"，此处域名或 IP 地址、虚拟目录名要用真实的名称代替。

（2）如果 IIS 只为一个网站提供服务（例如单位自己购买的专门用于存放本单位网站的服务器），也可不创建虚拟目录，而是在"默认网站"上右击鼠标，从弹出的快捷菜单中选择"属性"命令，并设置主目录标签上的"本地路径"指向站点文件夹，如图 9-3 所示。

图 9-3 配置默认网站的主目录标签属性

此时在浏览器中浏览网站主页时的 URL 为"http://域名"或"IP 地址/index. html",而在本机测试时为 http://localhost/index. html。

（3）如果在"文档"标签上添加了默认文档 index. html，如图 9-4 所示，则在浏览网页时可以省略 index. html。

2. 配置测试服务器信息

（1）在 Adobe Dreamweaver CS5 中选择"站点"→"管理站点"命令，打开"管理站点"对话框，如图 9-5 所示。

图 9-4 配置默认网站的文档标签属性

图 9-5 "管理站点"对话框

选中要管理的"站点",单击"编辑"按钮,打开"站点设置对象"对话框,如图 9-6 所示。

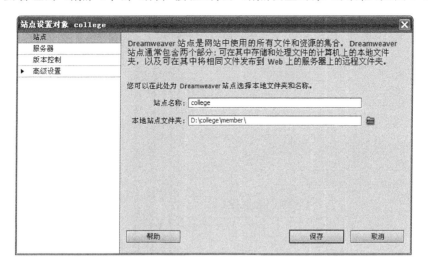

图 9-6 "站点设置对象"对话框

（2）单击"服务器"标签,然后单击"添加新服务器"按钮,选择"基本"标签并对其进行配置,如图 9-7 所示。

图 9-7 测试服务器的"基本"标签配置信息

其中:

- 连接方法:此处选择"本地/网络",表示在本机进行网站测试。
- 服务器文件夹:域中设置 ASP 页面所在的文件夹,此处设置成站点文件夹 d:\college\member,表示 ASP 页面在站点文件夹 d:\college\member 中。
- Web URL:域中填写测试 ASP 页面时所用的网址,此处设置成 http://localhost/college/member/,其中 college/member/是 IIS 中设置的虚拟目录名,或写成 http://127.0.0.1/ college/member/。Web URL 域中填写的内容应该与 IIS 中的配置相吻合,即如果 IIS 中未设置虚拟目录,则此处应该写成 http://localhost/或 http://127.0.0.1/;如果设置的虚拟目录名为 abc,则此处应该写成 http://localhost/abc/或 http://127.0.0.1/abc/。

(3) 单击“高级”标签并对其进行配置，如图 9-8 所示。

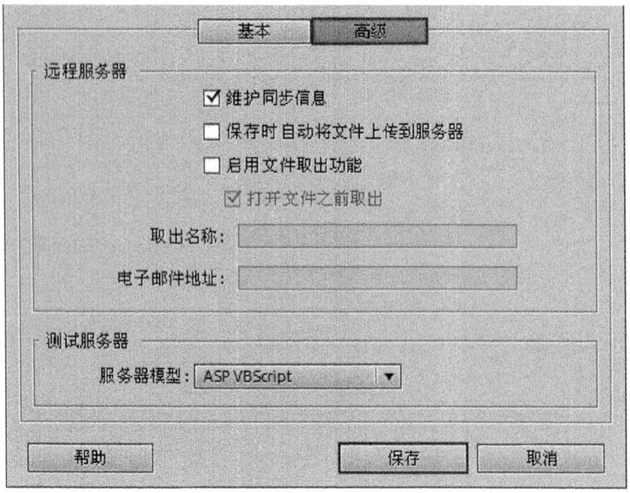

图 9-8　测试服务器的“高级”标签配置信息

(4) 单击“保存”按钮后返回编辑界面。打开网站主页，按 F12 键预览当前网页，可以看到浏览器中 URL 为 http://localhost/college/member/index.html。

9.3 创建 Access 数据库

通常 ASP 页面所用的数据库采用 Access、SQL Server 或 Oracle 等。Access 不适合当作大型数据库使用，但可用在中小型网站建设中。而对安全性要求高或数据量大的网站应使用大型数据库 SQL Server 和 Oracle 等。

现使用 Access 创建数据库 twh.mdb 存放到子文件夹 data 中，并在该数据库中建立一张表 user，用来反映注册用户详细信息清单，字段包括 ID(序号)、name(用户姓名)、pass(密码)、sex(性别)、age(年龄)、address(地址)、phone(电话)和 regdate(注册日期)等，数据类型可根据实际情况设置，如图 9-9 所示。

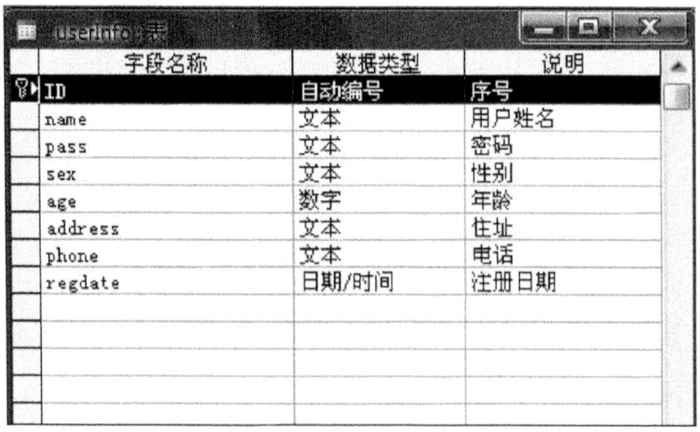
userinfo：表

字段名称	数据类型	说明
ID	自动编号	序号
name	文本	用户姓名
pass	文本	密码
sex	文本	性别
age	数字	年龄
address	文本	住址
phone	文本	电话
regdate	日期/时间	注册日期

图 9-9　User 表结构

注意:

在 Access 中字段名不能用保留字命名,如 date。虽然在 Access 中看不出问题,但在脚本运行时就可能会出现问题(如更新记录、插入记录等)。

9.4 通过 ODBC 建立数据库连接

ODBC(Open Database Connectivity,开放式数据库连接标准)是微软公司为其 Windows 操作系统推出的一套访问各种数据库的统一接口技术。ODBC 类似一种软件驱动程序,提供了应用软件与数据库之间的访问标准,应用程序可通过它访问数据库。

通过 ODBC 建立数据库连接的步骤如下:

(1) 在控制面板的管理工具中打开"ODBC 数据源管理器"对话框,选择"系统 DSN"选项卡,单击"添加"按钮,在"创建新数据源"对话框中选择 Microsoft Access Driver(* .mdb),如图 9-10 所示,然后单击"完成"按钮。

图 9-10　数据源驱动程序的安装

(2) 在打开的"ODBC Microsoft Access 安装"对话框中输入相应信息,如图 9-11 所示。其中"数据源名"用于在 ODBC 中标识连接的数据库对象,"说明"用于表明该数据库的用途。

(3) 单击"选择"按钮,打开"选择数据库"对话框,如图 9-12 所示。

在目录域中选择路径 d:\college\member\data\,并在其中选择数据库 twh. mdb,完成后单击"确定"按钮。之后在"ODBC 数据源管理器"对话框的"系统 DSN"选项卡中可以看到建立好的名为 college 的数据库连接,如图 9-13 所示。

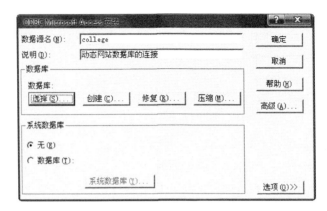

图 9-11 "ODBC Microsoft Access 安装"对话框

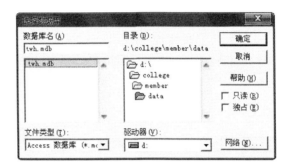

图 9-12 选择数据库

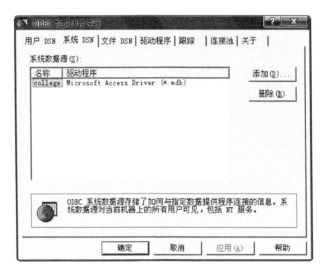

图 9-13 建立好的系统数据源

（4）打开网站中将要连接数据库的动态页，再打开"数据库"功能面板，单击 **+**. 按钮创建 ADO 连接，可使用自定义连接字符串或数据源名称（DSN）方法之一。现使用自定义连接字符串"Driver＝{Microsoft Access Driver（＊.mdb)}；dbq＝d:\站点文件夹 data\twh.mdb"，其中的"站点文件夹"要用实际的站点文件夹名替换。自定义连接字符串创建 ADO

连接对话框如图 9-14 所示。

图 9-14　自定义连接字符串创建 ADO 连接对话框

单击"测试"按钮，测试连接是否成功。

注意：

① ASP 对数据库的访问是通过 ActiveX 组件 ADO（ActiveX Data Object）进行的。ADO 是一组优化的访问数据库的专用对象集，它为 ASP 提供了完整的站点数据库访问解决方案。ADO 的特点是执行速度快、使用简单、低内存消耗且占用硬盘空间小。而 ADO 是建立在微软新的数据库 OLE DB 之上的，目前 OLE DB 可与 ODBC 引擎进行通信，而 ODBC 引擎（即驱动程序）负责同现存的数据库通信，因此通过 ASP 访问数据库可通过配置 ODBC 后间接与数据库通信（当然也可创建直接的 OLE DB 与数据库直接通信，不过需自行编写连接字符串）。ODBC 其实是一种接口，支持 ODBC 数据库的有 Access、SQL Server、Oracle 和 Informix 等，因此配置 ODBC 就是添加相应数据库所用的驱动程序。

② 与创建 ADO 连接的两种方法相对应，添加数据库所用的驱动程序的方法也有两种，即自定义连接字符串和创建系统 DSN（数据源名）。

使用数据源名称（DSN）创建 ADO 连接如图 9-15 所示。

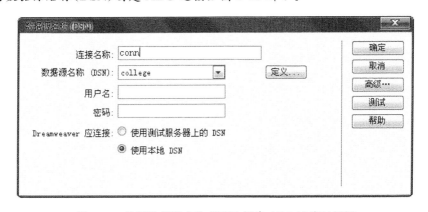

图 9-15　使用数据源名称（DSN）创建 ADO 连接对话框

③ 在创建 ADO 连接对话框中，在"连接名称"文本框中自行输入名称即可。单击"高级"按钮后可打开另一对话框，只需将相应的资料架构（即所有者）或目录（即数据库名）输入，不过不适用于 Access 数据库，而适用于 SQL Server、Oracle 等数据库。设置完毕后可单击"测试"按钮测试连接是否成功。用户名和密码域中输入与 Access 数据库中相同的账

号和密码,如果没有则不填。测试成功后单击"确定"按钮。

④ 创建了 ADO 连接后便在 Dreamweaver CS5 系统中记录了一个连接项,保存在自动创建的 Connections 子文件夹中,文件名就是刚刚输入的连接名称(扩展名是.asp),如图 9-16 所示。

(5) 在 Dreamweaver CS5 工作界面中选择"窗口"→"绑定"命令,打开"绑定"标签,如图 9-17 所示。

图 9-16　自动生成的数据库连接文件

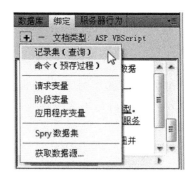

图 9-17　添加记录集

(6) 单击添加记录集,"记录集"对话框如图 9-18 所示,输入相应信息。其中"名称"可自定义,这里是由系统自动生成的 Recordset1。在"连接"下拉列表中选择已经建立好的 conn 数据源连接,在"表格"下拉列表中选择准备读写该连接下的数据库表 userInfo。

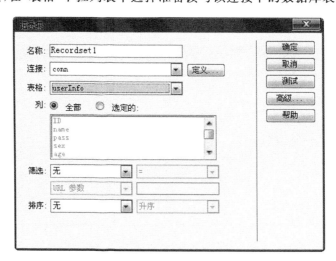

图 9-18　"记录集"对话框

(7) 单击"测试"按钮,可预览该数据库表中数据记录,如图 9-19 所示。

(8) 测试成功后,单击"确定"按钮,在"绑定"标签中可以看到该记录集对应数据库表所选择的字段,如图 9-20 所示。

记录	ID	name	pass	sex	age	address	phone	regdate
1	1	admin	123456	男	30	承德市…	138123…	2013-0…
2	2	root	123456	男	24	河北民…	123456…	2013-0…

图 9-19 数据记录预览

图 9-20 成功创建记录集

通过以上步骤,针对当前 ASP 网页成功创建记录集,为该网页下一步的数据动态处理做好了准备。同时,在当前的 ASP 网页中自动创建一系列 ASP 代码。

ASP 代码如下:

```
<%
    Dim Recordset1
    Dim Recordset1_cmd
    Dim Recordset1_numRows
    Set Recordset1_cmd = Server.CreateObject ("ADODB.Command")
    Recordset1_cmd.ActiveConnection = MM_conn_STRING
    Recordset1_cmd.CommandText = "SELECT * FROM userInfo"
    Recordset1_cmd.Prepared = true
    Set Recordset1 = Recordset1_cmd.Execute
    Recordset1_numRows = 0
%>
```

9.5 用户注册网页的设计

用户注册网页的设计主要步骤如下:

(1) 在 Adobe Dreamweaver CS5 中选择"文件"→"新建"命令,在"新建文档"对话框左侧选中"空白页",在"页面类型"列表框中选择 ASP VBScript 类型,在"布局"列表框中选择

"<无>",如图 9-21 所示。

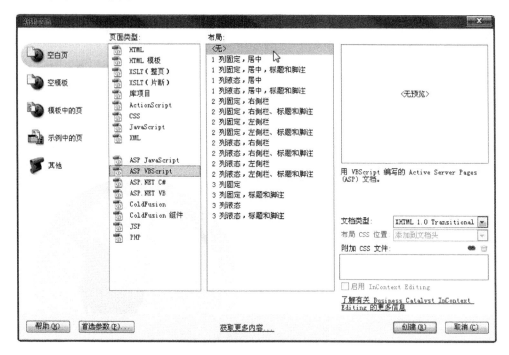

图 9-21　新建 ASP 网页对话框

创建网页保存到站点根文件夹中,命名为 register.asp,网页标题为"用户注册页"。

(2) 在 register.asp 页面添加表单信息。选择"插入"→"表单"→"表单"命令,在插入点处插入"表单"对象,即红色虚线区域,如图 9-22 所示。

图 9-22　表单对象

注意:

① 插入表单域之前必须先插入表单对象,即表单域应该包含在表单对象中。

② 表单的 HTML 代码为<form name="form1" method="post" action=""></form>。

(3) 在红色虚线框中插入 7 行 2 列的表格,并给表格进行 CSS 效果处理。然后在表格中输入各种提示信息及"文本域"、"单选按钮"和"按钮"等表单域对象,并使用属性面板进行表单域属性设置。再在表格最后一行插入"提交"和"重置"按钮,并插入一图像域也作为提交功能使用。为方便后面的设置,再添加表单时最好使各表单名字与字段名保持一致。最终表单效果图如图 9-23 所示。

具体的表单域属性设置如下:

① 文本域。

"文本域"属性面板如图 9-24 所示。

当"字符宽度"大于"最多字符数"时,文本域内右边将有一定的空间,有助于美观。

当"类型"域中选择"多行文本域"时,设置"字符宽度"和"行数"即可。

图 9-23　最终表单效果图

图 9-24　"文本域"属性面板

当在"类型"域中选择"密码"时,用户输入信息以密文显示。

② 单选按钮。

"单选按钮"属性面板如图 9-25 所示。

图 9-25　"单选按钮"属性面板

同一组单选按钮的名称必须相同,且应赋予同组的每个单选按钮不同的值。

③ 按钮。

"按钮"属性面板如图 9-26 所示。

按钮用来进行表单提交、内容清除或执行规定的代码等。

图 9-26　"按钮"属性面板

（4）选中＜form♯form1＞标签或红色虚线框，即选中"表单"对象，"表单"属性面板如图 9-27 所示。

图 9-27　表单属性设置

在属性面板上的"动作"域中设置表单处理程序为 registerOk.asp，表单提交方法为 POST。

注意：

① 表单是用来收集信息的，即先用表单在浏览器端收集数据，当用户单击"提交（submit）"按钮后将数据传送到服务器端的表单处理程序加以处理。可通过属性面板上的"动作（Action）"域来设置表单处理程序。

② 表单处理程序使用最多的是 CGI 程序、ASP 等。相对来说，ASP 更简单易学，任何服务器都支持，但也存在使用 VBScript 和 SQL 编写程序的问题，而 Dreamweaver 很好地解决了手工编写程序的问题。

③ "方法（Method）"域中选择输入的数据传送到服务器的方式。

- GET：将输入的数据加在 URL 地址后面传送到服务器，它的传送效率高，但传送信息量有限，限制在 8192 个字符之内，并且必须是 ASCII 字符。另外，GET 方式以"显式"提交表单，可以通过查看请求的 URL 获查传参情况。

- POST：浏览器等候服务器来读取信息，将输入的数据嵌入到信息体中传送到服务器，它的传送信息量大，传送数据量没有什么限制，可以是任何字符。POST 方式以"隐式"提交表单，不会在 URL 中体现传参情况，保密性高。

④ "目标（Target）"域中选择表单处理程序打开时的窗口。

⑤ "编码类型"域中设置待处理数据的 MIME 编码类型：

- Application/x-www-form-urlencode：通常与 POST 方式传送的数据相关联。

- Multipart/form-data：创建上传文件的文件域时应用。

（5）切换到"服务器行为"标签，由于之前已经绑定了记录集，因此该标签内容中已经有记录集这一项。此时只需插入记录，单击"＋"按钮，选择"插入记录"命令，如图 9-28 所示。

（6）在打开的"插入记录"对话框中进行图 9-29 所示的设置。

图 9-28　插入记录

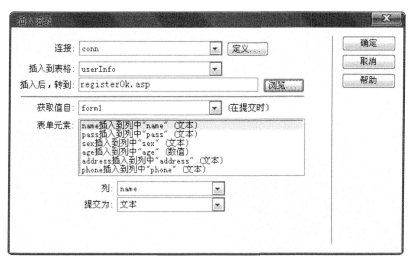

图 9-29 "插入记录"对话框

其中各项参数含义如下：

- 连接：数据库连接名。
- 插入到表格：数据库相关表名。
- 插入后，转到：注册成功后跳转到的提示页，此处为 registerOk.asp。
- 获取值自：即刚选择的 form 名。
- 表单元素：其中的"name 插入到列中'name'"意为将表单中 name 输入框的内容插入到数据库表的 name 字段中。其余各项意思类似。

（7）在"服务器行为"标签中单击"＋"按钮，再选择"用户身份验证"→"检查新用户名"命令，如图 9-30 所示。

在打开的"检查新用户名"对话框中进行图 9-31 所示的设置。

对话框中各项参数含义如下：

- 用户名字段：选择 name 表示注册时不得重名，而选择 E-mail 则表示同一个 E-mail 只能注册一个。
- 如果已存在，则转到：注册时，如果出现重名，则跳转到一个出错提示页面，这里为 registError.asp 文件页面。

（8）分别完成 registerOk.asp 和 registError.asp 两个页面的设置，设置完成后的页面如图 9-32 和图 9-33 所示。

图 9-30 "检查新用户名"命令

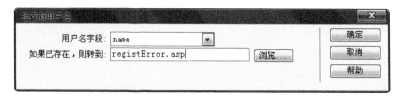

图 9-31 "检查新用户名"对话框

图 9-32 registerOK.asp 页面

图 9-33 registError.asp 页面

9.6 数据库记录页的设计

9.6.1 数据库记录页的设计主要步骤

（1）新建文件 index.asp，在 index.asp 页编辑窗口中插入一个 2 行 5 列的表格，在第一行分别输入 ID、姓名、性别、住址、电话，用来作为显示记录表格的表头。打开"绑定"标签，展开先前创建的记录集，单击选择某字段后，再单击要显示该字段值的对应单元格，然后单击"绑定"面板下的"插入"按钮，此时在被编辑的单元格中将会看到有类似{Recordset1.name}的字符串显示。重复上述步骤，在表格对应行中插入记录集中的字段，完成后如图 9-34 所示。

图 9-34 在单元格中插入记录集中的字段

（2）保存 index.asp 页，按 F12 键或在浏览器窗口输入 http://localhost/college/member/index.asp，浏览最终效果如图 9-35 所示。

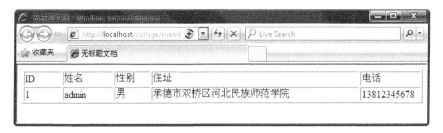

ID	姓名	性别	住址	电话
1	admin	男	承德市双桥区河北民族师范学院	13812345678

图 9-35　浏览数据库记录页

9.6.2　分页显示数据库记录页

分页显示数据库记录页的主要步骤如下：

（1）选中 index.asp 页中表格第二行的全部单元格，在 Adobe Dreamweaver CS5 的"服务器行为"标签中单击"＋"按钮，选择下拉菜单中的"重复区域"命令，如图 9-36 所示。

（2）在打开的"重复区域"对话框中选择建立的记录集，如图 9-37 所示。"显示"用于设置每页显示的记录数，输入完成后单击"确定"按钮。

（3）在 index.asp 页中表格上方输入"数据库总记录数条目前为第 条- 条记录"，展开"绑定"标签中的记录集，将［总记录数］、［第一记录索引］和［最后一个记录索引］标签拖放至表格上方预留位置，如图 9-38 所示。

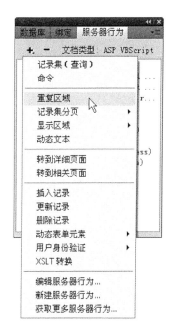

图 9-36　设置重复区域

（4）选择"插入"→"数据对象"→"记录集分页"→"记录集导航条"命令，在打开的对话框中选中"保持默认设置"，单击"确定"按钮，完成后如图 9-39 所示。

（5）制作完成后，效果如图 9-40 所示。

图 9-37　设置重复区域参数

图 9-38　添加导航信息提示

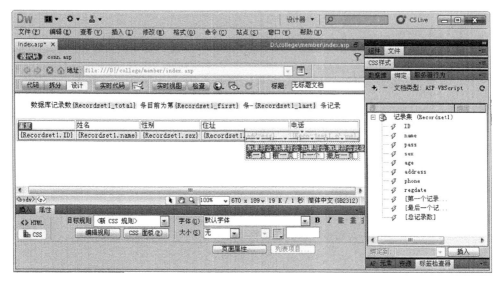

图 9-39　插入记录集导航条

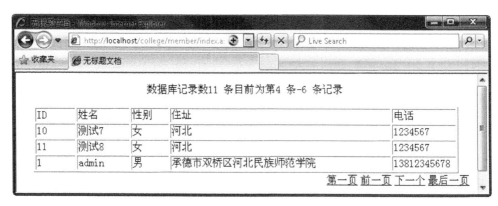

图 9-40　分页显示效果

9.6.3 细节页的链接与制作

在动态网页的设计表现形式中,对于数据库记录的列表显示通常由于版面的限制或浏览者对于重要信息的捕捉而仅限于若干个重要字段信息,为方便客户端通过常规列表检索到具体记录所有信息细节,本例在数据库记录分页显示的基础上实现细节页的动态链接。

(1)本例以 index.asp 页为基础进行制作。

(2)确定细节页链接所需要的热点信息,这里所谓的热点信息是指具有链接行为的信息区域,在 index.asp 页中选择姓名字段作为链接热点,如图 9-41 所示。

图 9-41　选择链接热点

(3)在"服务器行为"标签中单击"＋"按钮,选择"转到详细页面"命令,如图 9-42 所示。

(4)在打开的"转到详细页面"对话框中设置相关参数,如图 9-43 所示。

参数说明如下:

- 链接:即选择的链接热点,如果之前热点已选择好,这里会自动填充。
- 详细信息页:单击链接后,会转到详细记录页面,这里新创建 detail.asp 页。
- 传递 URL 参数:传递到详细页的记录字段值,通常为记录的关键值。

(5)打开 detail.asp 页,插入 7 行 2 列的表格,添加记录集,注意筛选条件的设置,如图 9-44 所示。

(6)将记录集中对应的字段拖放至表格相应区域,如图 9-45 所示。

(7)浏览 index.asp 文件,如图 9-46 所示,单击"姓名"字段链接,打开对应记录的详细链接,如图 9-47 所示。

图 9-42　"转到详细页面"命令

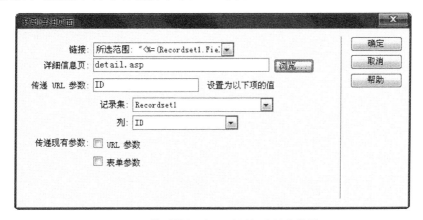

图 9-43　"转到详细页面"对话框中的参数设置

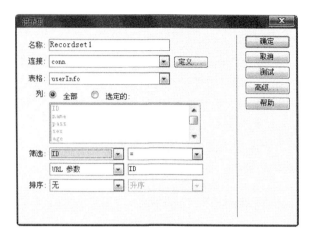

图 9-44　为详细页添加记录集

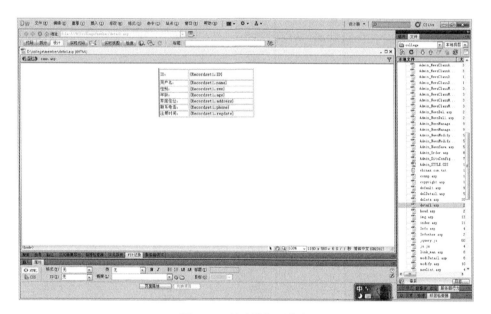

图 9-45　创建详细页信息

图 9-46　单击姓名字段

图 9-47　细节页效果

9.7 动态网站设计的基本操作形式

在动态网站设计过程中,记录的添加、修改、删除是最基本的操作形式,下面通过实例分别完成对用户信息表 userInfo 记录的添加、修改与删除操作。

9.7.1 添加记录页的设计与实现

添加记录页的设计与实现的主要步骤如下:

(1) 新建文件 add.asp,按照图 9-48 所示建立与数据库用户表相对应的表单录入页。为方便后面的操作,建议各表单项的命名与数据库字段名保持一致。由于 regdate 文本框录入的是注册日期,因此这里可以直接用表示当前时间的函数 now 作为其初始值。

图 9-48 编辑添加记录页表单

(2) 选择整个表单域,在"服务器行为"标签中单击"＋"按钮,选择"插入记录"命令,如图 9-49 所示。

图 9-49 选择"插入记录"命令

（3）在"插入记录"对话框中按图 9-50 所示设置相关参数。

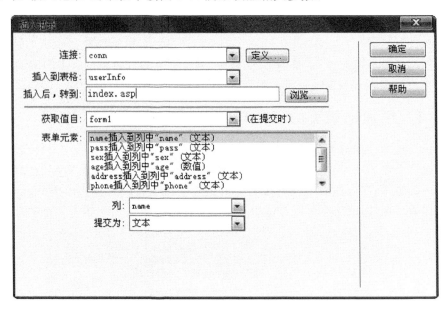

图 9-50　"插入记录"对话框

（4）单击"确定"按钮，浏览 add.asp 页，按预定格式录入各字段值提交，如图 9-51 所示。在返回的记录列表页可以查询到已经添加成功的记录，如图 9-52 所示。

图 9-51　添加记录页信息

图 9-52　记录添加成功

9.7.2　修改记录页的设计与实现

修改记录页的设计与实现的步骤如下：

（1）新建 modify.asp 文件，在记录的最后一列添加"修改"项，如图 9-53 所示。

图 9-53　记录修改页编辑

（2）选中"修改"文本域，在"服务器行为"标签中单击"＋"按钮，选择"转到相关页面"命令，并按照图 9-54 所示进行设置，指定修改记录的页面文件为 modiDetail.asp，单击"确定"按钮。

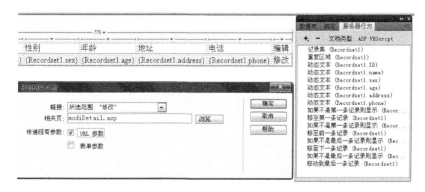

图 9-54　"转到相关页面"对话框

（3）建立"修改"文本域的热点链接，如图 9-55 所示。

代码如下：

```
< a href = "modiDetail.asp?id = < % = (Recordset1.Fields.Item("ID").Value) % >"
target = "_blank">修改</a>
```

图 9-55　修改记录链接

（4）新建记录修改文件 modiDetail.asp，编辑记录表单项，如图 9-56 所示。

图 9-56　新建记录修改页表单域

（5）编辑 modiDetail.asp，添加记录集，在打开的"记录集"对话框中设置筛选条件为"ID 等于 URL 参数 ID"，如图 9-57 所示。

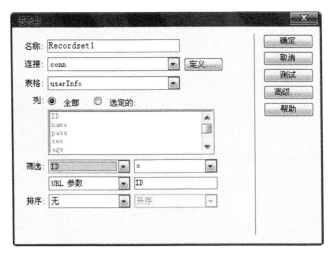

图 9-57　"记录集"对话框

（6）选择各表单项，并设置初始值为动态数据项中的对应字段，如图9-58所示。

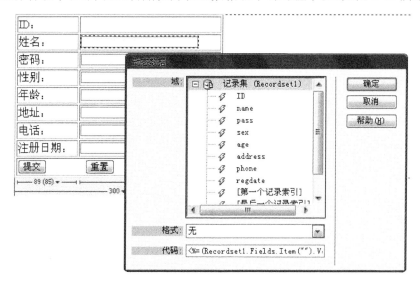

图9-58 设置各表单项初始值为动态数据字段

（7）选中整个表单域，在"服务器行为"标签中单击"＋"按钮，选择"更新记录"，然后在打开的对话框中按图9-59所示进行设置，单击"确定"按钮。

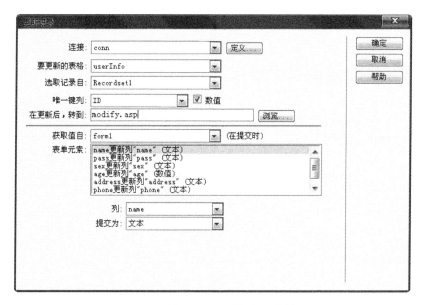

图9-59 "更新记录"对话框中的参数设置

（8）在浏览器中预览修改记录页操作效果，如图9-60所示。

9.7.3 删除记录页的设计与实现

删除记录页的设计与实现的步骤如下：

（1）新建删除记录页文件delete.asp，按照图9-61所示完成各项编辑操作。

图 9-60　修改记录页操作效果

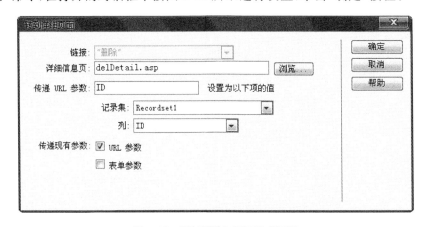

图 9-61　删除记录页设计

（2）选中编辑列的"删除"文本信息，在"服务器行为"标签中单击"＋"按钮，选择"转到详细页面"命令，在打开的对话框中按图 9-62 所示进行设置，单击"确定"按钮。

图 9-62　"转到详细页面"对话框

（3）新建 delDetail.asp，并按图 9-63 所示的各项添加记录集。

（4）编辑 delDetail.asp 页，添加记录详细页表单，如图 9-64 所示。

（5）单击删除记录确认页中的"提交"按钮，添加"删除记录"服务器行为，如图 9-65 所示。

（6）在打开的"删除记录"对话框中，按图 9-66 所示进行设置。

（7）浏览记录删除页，预览效果如图 9-67 所示，删除后的效果如图 9-68 所示。

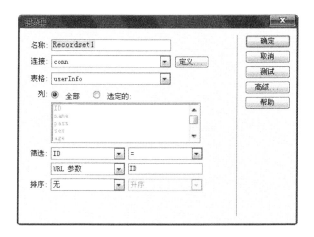

图 9-63　delDetail.asp 页添加记录集

图 9-64　确认删除页表单编辑域

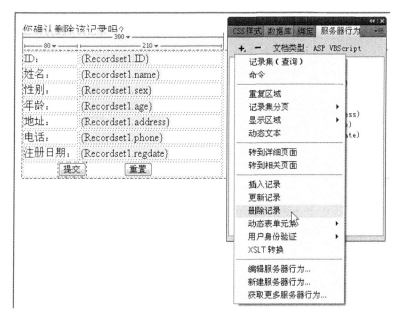

图 9-65　添加"删除记录"行为

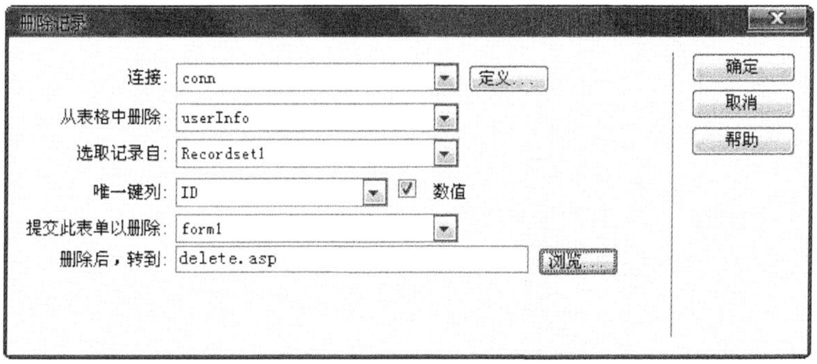

图 9-66　"删除记录"对话框

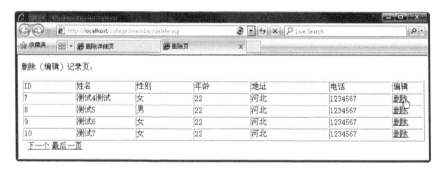

图 9-67　记录删除页

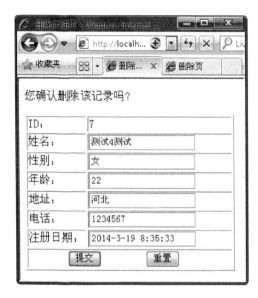

图 9-68　记录删除确认效果

9.8　网站后台管理系统架设和实现

9.8.1　网站后台管理系统

网站开发者在将开发好的网站交给使用单位使用时应提供后台管理系统。网站后台管理系统是对前台页面中所用的各种数据进行统一管理,方便日后网站使用单位的网站维护员对前台页面中的内容进行及时更新,而不需要重新修改页面,从而节省了时间,提高了效率。

网站后台管理系统可用多种技术实现,如 ASP、JSP 等。

在后台管理系统中一般按类别对各种信息进行分类,管理员可以对某一类别下的信息进行添加、编辑和删除等操作。功能较强的后台管理系统可以对一些公共信息(如网站标题、版权信息、广告图片、站长公告和各主要元素等)的外观等进行管理,还可以进行图片等文件的上传。

进入后台管理系统需进行登录。进入后先进行类别管理，再进行各个类别下的内容管理。

网站开发者可自行开发当前网站所用的后台管理系统，也可将现有的免费后台管理系统架设到所开发的网站上。

9.8.2 网站后台管理系统的架设

（1）将提供的免费网站后台管理系统解压后复制到所开发的团委会网站根文件夹下。

（2）在团委会网站主页 default.asp 适当位置输入文本"管理入口"或插入一个小图片，并将其链接到后台管理系统登录页 admin_login.asp。

（3）在浏览器中打开团委会网站主页 default.asp，单击"管理入口"进入后台管理系统登录界面，如图 9-69 所示。

图 9-69　后台管理系统登录界面

系统默认用户名和密码是 admin 和 admin，输入用户名和密码，单击"确认"按钮，进入后台管理系统主界面，如图 9-70 所示。

（4）在主界面中可进行新闻管理、文章管理、常规设置和用户管理等。

现对相关模块进行说明：

① 通常情况下，后台管理系统提供内容分类管理功能。功能强大的后台管理系统允许有更深层次的类别定义。

② 要在信息内容中显示图片或声音、视频等，一般需上传所需的图片或声音、视频等到网站指定的文件夹中，有些后台管理系统是将图片等文件直接上传到数据库中保存的（本书实例是将相关文件上传到网站指定的文件夹中）。

图 9-70　后台管理系统主界面

9.8.3　实现网站主页中新闻动态内容的显示

（1）在 Adobe Dreamweaver CS5 中打开团委会网站主页 default.asp，如图 9-71 所示。

图 9-71　团委会网站主页 default.asp

（2）创建数据库连接 connp，所用数据库是后台管理系统中的 Datebase/twhms.mdb，如图 9-72 所示。

图 9-72 创建 ADO 连接 connp 属性设置对话框

（3）给团委会网站主页 default.asp 创建记录集 Recordset1，如图 9-73 所示。

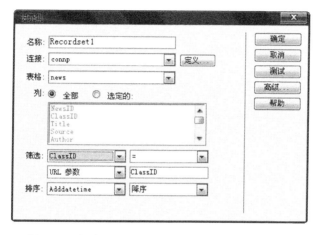

图 9-73 创建"记录集 Recordset1 属性设置"对话框

（4）在网站主页 default.asp 的"新闻动态"模块将第一条新闻标题和发布日期分别用记录集中的 Title 和 Adddatetime 字段替换，如图 9-74 所示。

（5）给上述新闻标题所在的列表行添加"重复区域"服务器行为，并只显示 8 条记录信息，如图 9-75 所示。

图 9-74 网站主页 default.asp 中的"新闻动态"模块编辑界面

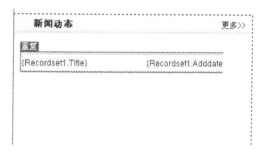

图 9-75 网站主页 default.asp 中的"新闻动态"模块编辑界面（重复区域）

注意：

也可不用"重复区域"行为，而在创建记录集时使用"高级记录集"对话框，并在 select 后加上 top8。

（6）选中{Recordset1. Title}，添加"转到详细页面"服务器行为，如图 9-76 所示。

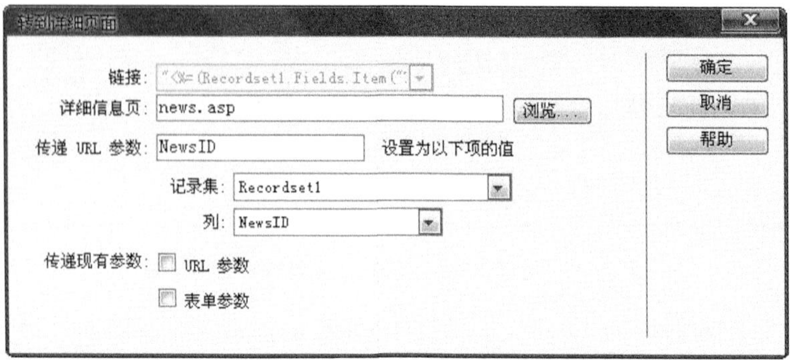

图 9-76 "转到详细页面"行为属性设置对话框

再在主页上选中{Recordset1. Title}，使用属性面板设置其链接的"目标"域为_blank。

注意：

① news. asp 是与指定新闻号 NewsID 对应的新闻详细内容显示网页。

② "传递 URL 参数"域中输入的变量名是用来存放要传递给 news. asp 页的字段值。

③ "传递现有参数"指是否将前一网页传递的 URL 或表单参数通过本网页传递到详细信息页。

（7）在浏览器中浏览团委会网站主页 default. asp，可以看到"新闻动态"模块上显示的是在后台管理系统中添加的各条新闻的标题，而当单击各条新闻标题时，在 news. asp 网页中显示其详细信息。

（8）创建网页 newlist. asp 用来显示所有的新闻标题信息，该网页保存到网站根文件夹下，制作方法与上述步骤类似，只是添加"重复区域"行为时设置成显示"所有记录"。

（9）按照以上类似方法实现"媒体聚焦"模块中内容的动态显示。

（10）设计完成效果如图 9-77 所示。

图 9-77 实现新闻内容动态显示的网站主页面

第 **10** 章

网站测试及发布维护

10.1 网站测试

网站开发完成后，应对整个网站进行一次全面的测试，主要有以下几方面：

（1）本地测试。

无论是一人开发的网站还是多个网页制作人员分工制作的网站，都要进行本地测试。本地测试主要由网站开发人员自己进行测试，其测试内容主要有：

① 各个页面效果和网站整体效果。

② 各个网页间的链接。

③ 网页的容错性和兼容性。

④ 网站动态功能与预期目标的相符度。

（2）用户测试。

以浏览者身份测试，因为设计网站就是给浏览者访问的，所以浏览者就是权威。其测试内容主要有：

① 评价每个页面的风格、颜色搭配、页面布局、文字字体及大小等方面是否与网站的整体风格协调统一。

② 页面布局是否合理。

③ 各种链接所放的位置是否合适。

④ 页面切换是否简便。

⑤ 对于当前访问位置是否明确。

⑥ 请求网页时的时间长短等。

（3）负载测试。

安排多个用户访问网站，让网站在高强度、长时间的环境中进行测试。主要测试内容有：

① 网站在多个用户访问时访问速度是否正常。

② 网站所在服务器是否会出现内存溢出、CPU 资源占用是否正常等。

对上述内容进行测试时发现的问题要及时进行修改，并重新测试。

测试时需注意以下几点：

（1）测试环境。

把网站上传到服务器后，打开浏览器，把缓存里的资料全删除（如果没有删除，浏览器请求页面时会读取缓存里已含有的内容)后进行测试。

(2) 测试时间。

晚间网络传输较快,而白天较慢,所以要在不同的时间段进行测试。

(3) 测试网络设备。

不同的服务器、不同的浏览器、不同的调制解调器,测试网站时都要考虑。

下面重点介绍网站本地测试。

(1) 检查各个网页间的链接。

选择"文件"→"检查页"→"链接"命令,打开"链接检查器"标签,如图 10-1 所示。对链接进行检查,检查完成后,在结果面板的"链接检查器"标签上显示检查的结果。在标签上依次选中要修改链接的文件并单击"断掉的链接"列中右边对应的文件夹图标,选择正确的链接,或者双击文件列中的各个文件名直接打开网页进行修改。

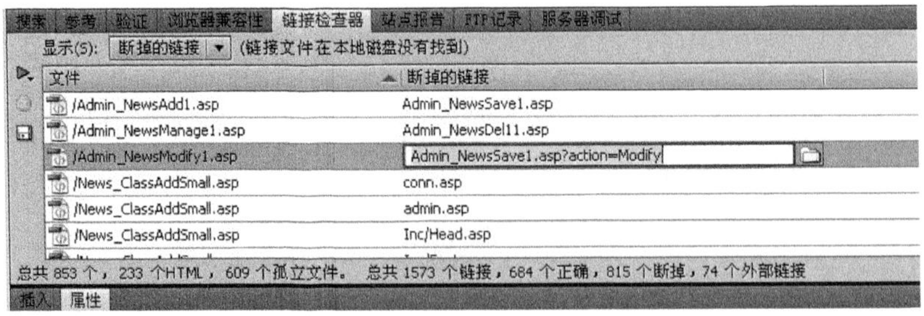

图 10-1 "链接检查器"上显示检查结果

注意:

① 利用"链接检查器"标签上的"显示"下拉列表框可分别查看到断掉的链接、外部链接和孤立文件等。

② 单击"链接检查器"标签左边的 ▷ 按钮可以选择检查范围,如当前文档、当前站点和站点中所选文件等。

在浏览器中打开网站主页,并依次浏览主页和各个子页,对链接进行逐个检查,如果发现有空链、断链、错误的链接、页面之间不能顺利切换、缺少返回上层页面或主页的链接等情况出现,则返回 Adobe Dreamweaver CS5 中修改并再次在浏览器中检查,直至链接检查全部正常为止。

(2) 创建站点报告。

选择"站点"→"报告"命令,打开"报告"对话框,如图 10-2 所示。

在"报告在"下拉列表中选择生成站点报告的范围,再根据需要选中相应的复选框生成站点报告,单击"运行"按钮生成报告,如图 10-3 所示。

(3) 检查兼容性。

选择"文件"→"检查页"→"检查浏览器兼容性"命令,对网站在不同浏览器版本下的标记兼容性进行检查。

检查 800×600 和 1024×768 两种典型分辨率和典型浏览器下,各个网页的浏览效果是否相差较大,如果相差较大,就要综合平衡后进行修改,以尽量满足不同情况的要求。

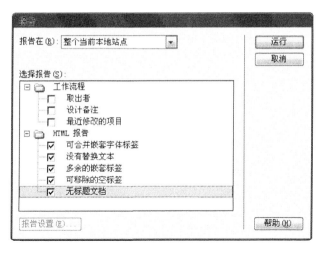

图 10-2　"报告"对话框

图 10-3　站点报告

"Internet 属性"对话框如图 10-4 所示。取消"显示图片"、"显示图像下载占位符"、"在网页中播放动画 ＊"、"在网页中播放声音"等复选框的选中状态,此时在纯文本模式下浏览各个网页时文字是否显示全。

（4）检查各个页面效果。

① 检查网站中使用了脚本的页面在浏览时脚本是否能正常运行。

② 检查各个页面浏览时是否出现非法字符或乱码、文字和图像显示是否正常、Flash 动画的画面出现时间是否过长、网页特效是否正常显示等。

对不正常的页面要进行修改,然后再重新检查直至正常。

（5）检查网站的动态功能。

① 在浏览器中打开网站主页,注册一个新用户并用它进行登录。

② 进入后台管理系统,添加一些新闻,在主页上可看到新添加的新闻,并可查看详细信息。

以上操作应能正常进行,如果不能应查找原因并解决后重新进行动态功能测试。

（6）使用遮盖设置指定的文件或文件夹不上传。

遮盖是指给不需要上传的文件、文件夹进行标记,以便在上传网站文件到网站空间时排除这些做了标记的文件和文件夹,例如图像或动画的源文件、压缩文件、备份文件夹、无须每次都上传的较大文件等。

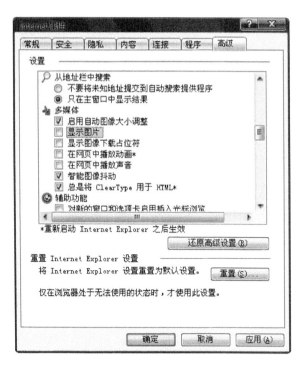

图 10-4 "Internet 属性"对话框

遮盖有两种方式：

① 打开"站点设置对象"对话框，按图 10-5 所示进行设置。

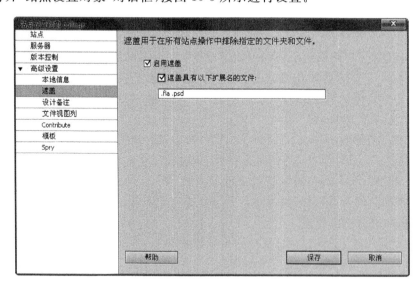

图 10-5 "站点设置对象"对话框

② 在"文件"功能面板上右击要遮盖的文件夹，从弹出的快捷菜单中选择"遮盖"→"遮盖"命令，如图 10-6 所示。

（7）单击"连接到远端主机"按钮，如图 10-7 所示。

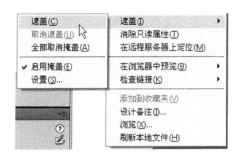

图 10-6 "遮盖"命令快捷菜单   图 10-7 "连接到远端主机"按钮

连接后,单击"文件"功能面板上的"展开以显示本地和远程站点"按钮 ,可以看到本地和远程文件信息,如图 10-8 所示。

图 10-8 显示"本地和远程站点文件"对话框

在"本地文件"列表框中选择要上传的文件或文件夹(用 Ctrl 或 Shift 键配合进行多选),单击"上传文件"按钮 上传文件,同时在"远程服务器"列表框中可以看到上传后的文件。也可直接将选中的文件或文件夹拖动到左侧"远程服务器"列表框中。

注意:

① 使用"获取文件"按钮 可从远程服务器下载文件或文件夹。

② 在上传或获取文件时,Dreamweaver 会自动记录各种 FTP 操作,遇到问题时可单击"查看站点 FTP 日志"按钮 ,打开"FTP 记录"窗口查看 FTP 记录。

10.2 网站发布

设计好的网站要放置在 ISP(Internet Service Provider)提供的网站空间中。大型站点可从电信部门申请专线并购置网络软硬件,搭建自己的 Web 服务系统,并申请国际和国内域名,但运行和维护费用高。如果考虑租用虚拟主机、服务器托管等方式则服务费用较低。而中小型网站可利用一些网站提供的收费或免费网站空间和域名服务。相比之下,收费空间提供的服务更全面,如空间容量大,支持应用程序技术、提供数据库空间等;而使用免费网站空间常需为网站空间提供者做广告,并且只有少数免费网站空间支持应用程序技术、提供数据库空间等。

网站发布是指用文件上传工具软件等方法将已经设计好的网站上传到网站空间中,然后浏览者才能通过浏览器访问网站。

10.3 网站的推广维护与更新

(1) 登录搜索引擎。

将团委会网站登录到门户网站上,如 www. sohu. com、www. 163. com、www. sina. com. cn 和 www. yahoo. com 等。

(2) 设置 meta 信息。

在团委会网站主页 default. asp 的<head>区添加如下关键字:

< meta name = "Description" content = "共青团河北民族师范学院委员会">
< meta name = "Keywords" content = "河北民族师范学院团委会,共青团河北民族师范学院委员会">
< meta name = "Author" content = "设计者">

(3) 网站维护。

① 打开"站点设置对象 college"对话框,选择"高级设置"选项,按图 10-9 所示进行设置。

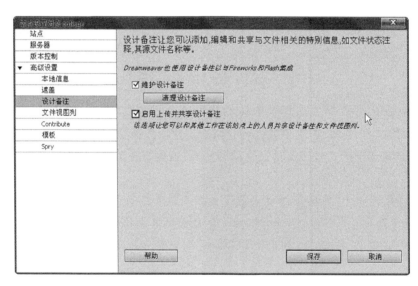

图 10-9 "设计备注"设置对话框

② 展开"文件"功能面板,选中网站主页 default. asp 后右击,从弹出的快捷菜单中选择"设计备注"命令,打开"设计备注"对话框,如图 10-10 所示。

根据网站开发的具体情况在"基本信息"选项卡的"状态"下拉列表中选择文件或文件夹的状态,并在"备注"列表框中设置说明文字。也可在"所有信息"选项卡中添加自行命名的"名称",如图 10-11 所示。

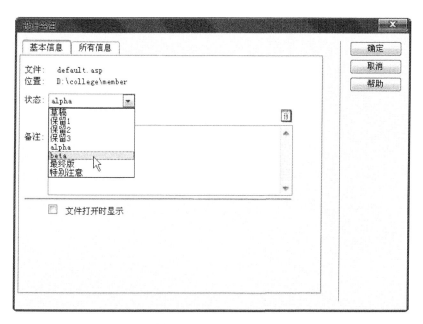

图 10-10　"设计备注"对话框中的"基本信息"选项卡

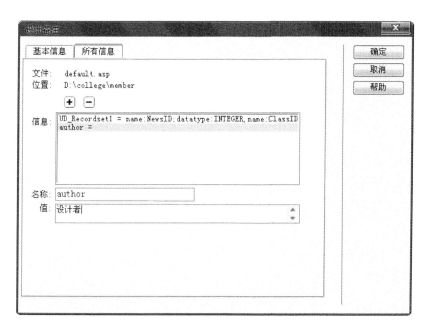

图 10-11　"设计备注"对话框中的"所有信息"选项卡

③ 按照类似方法，给网站后台管理系统文件夹添加备注信息。

参 考 文 献

[1] 龙马工作室. ASP+SQL Server 组建动态网站实例精讲. 北京：人民邮电出版社,2004.

[2] 李玉虹. ASP 动态网页设计能力教程. 第 2 版. 北京：中国铁道出版社,2011.

[3] 赵旭霞. 网页设计与制作. 北京：清华大学出版社,2013.

[4] 胡汉辉,孔岚. 静态网页设计与制作. 北京：机械工业出版社,2012.

[5] 王国荣. ASP. NET 网页制作教程. 武汉：华中科技出版社,2002.

[6] 谯谊. ASP 动态网站设计经典案例. 北京：机械工业出版社,2005.

教 学 资 源 支 持

敬爱的教师：

感谢您一直以来对清华版计算机教材的支持和爱护。为了配合本课程的教学需要,本教材配有配套的电子教案(素材),有需求的教师请到清华大学出版社主页(http://www.tup.com.cn)上查询和下载,也可以拨打电话或发送电子邮件咨询。

如果您在使用本教材的过程中遇到了什么问题,或者有相关教材出版计划,也请您发邮件告诉我们,以便我们更好地为您服务。

我们的联系方式:

地　　址:北京海淀区双清路学研大厦 A 座 707

邮　　编:100084

电　　话:010-62770175-4604

课件下载:http://www.tup.com.cn

电子邮件:weijj@tup.tsinghua.edu.cn

教师交流 QQ 群:136490705

教师服务微信:itbook8

教师服务 QQ:883604

(申请加入时,请写明您的学校名称和姓名)

用微信扫一扫右边的二维码,即可关注计算机教材公众号。

扫一扫
课件下载、样书申请
教材推荐、技术交流